新时代新理念职业教育教材·铁道运输类
行业紧缺人才、关键岗位从业人员培训教材
校企"双元"合作教材

# 铁路站场计算机辅助
# 设计项目化教程

主　编　王子琳　兰云飞
副主编　宋婷婷

北京交通大学出版社
·北京·

## 内 容 简 介

本书依据职业教育教学改革精神，将思政元素融入专业知识与技能的介绍中，由高校教师与铁路企业专家共同编写。本书分为 5 个项目，具体包括：铁路站场 AutoCAD 绘图基础技能、铁路站场二维简单图形绘制、铁路站场图中文字和表格绘制、铁路站场二维组合图形绘制、铁路站场图综合绘制。

本书可作为高等职业教育、中等职业教育、技师教育铁道类专业的教材，也可作为铁路企业职工培训教材及铁路专业技术人员的参考书。

**图书在版编目（CIP）数据**

铁路站场计算机辅助设计项目化教程 / 王子琳，兰云飞主编. —北京：北京交通大学出版社，2023.6

ISBN 978-7-5121-4937-3

Ⅰ. ① 铁… Ⅱ. ① 王… ② 兰… Ⅲ. ① 铁路车站−建筑设计−计算机辅助设计−教材 Ⅳ. ① TU248.1−39

中国国家版本馆 CIP 数据核字（2023）第 062885 号


铁路站场计算机辅助设计项目化教程
TIELU ZHANCHANG JISUANJI FUZHU SHEJI XIANGMUHUA JIAOCHENG

策划编辑：刘 辉 责任编辑：刘 辉
出版发行：北京交通大学出版社 电话：010-51686414 http://www.bjtup.com.cn
地 址：北京市海淀区高粱桥斜街 44 号 邮编：100044
印 刷 者：北京时代华都印刷有限公司
经 销：全国新华书店
开 本：185 mm×260 mm 印张：11.25 字数：278 千字
版 印 次：2023 年 6 月第 1 版 2023 年 6 月第 1 次印刷
定 价：39.80 元


本书如有质量问题，请向北京交通大学出版社质监组反映。对您的意见和批评，我们表示欢迎和感谢。
投诉电话：010-51686043，51686008；传真：010-62225406；E-mail：press@bjtu.edu.cn。

# 前　言

本书根据高等职业教育铁道类专业学生的认知特点，结合作者多年实际工作经验编写而成，可作为铁道类专业学生的专业课程教材，也可作为铁路专业技术人员的参考书。

本书在编写时，着眼于实用、够用的原则，本着企业需要什么，在教材中就体现什么的原则，精心选材。教材内容与铁路企业生产紧密联系，有利于培养既有理论知识，又有操作技能的铁道类高技能人才。

本书由浅入深地安排内容，贯彻任务引领和成果导向的原则，每一个任务都有明确的任务目标，将知识与技能点和思政元素紧密结合，帮助学生树立正确的世界观、人生观、价值观。

本书由黑龙江交通职业技术学院王子琳、兰云飞担任主编，中国铁路北京局集团有限公司宋婷婷担任副主编。王子琳编写项目 1 至项目 4，兰云飞编写项目 5，宋婷婷负责任务的设计与内容的选定。中国铁路哈尔滨局集团有限公司齐齐哈尔站张红博提出了大量指导性意见，同时，本书还参考了许多专业书籍。在此，编者向所有对本书的编写有帮助的人员表示真诚的感谢。由于编者水平有限，书中难免会出现错误和疏漏之处，恳请广大读者批评和指正。反馈意见、索取教学资源，请与出版社编辑刘辉联系（邮箱：hliu3@bjtu.edu.cn；QQ：39116920）。

编　者
2023 年 4 月

# 目　　录

# 项目 1　铁路站场 AutoCAD 绘图基础技能

## 项目分析

本项目主要介绍 AutoCAD 2018 工作界面的组成和软件的基本操作方法、绘图环境的设置和图层管理图形的操作方法等。通过学习，我们能够了解铁路线路站场绘图的基础知识，对 AutoCAD 2018 有初步的认识，并掌握软件的基础操作技能，为后续的学习打下基础。

**知识目标：**

◆　了解铁路线路站场绘图的基础知识。

◆　熟悉 AutoCAD 2018 工作界面的组成。

◆　掌握 AutoCAD 2018 的基本操作方法。

**能力目标：**

◆　熟练掌握 AutoCAD 2018 的基本操作方法。

◆　熟练完成图形文件的基本操作。

◆　熟练掌握 AutoCAD 2018 绘图环境的设置。

**素质目标：**

◆　培养细致、严谨的阅图和绘图习惯。

◆　培养自主学习、思考、决策和创造的能力。

◆　提高计算机使用和操作能力。

**思政目标：**

◆　培养学生的国家自豪感，培养学生践行社会主义核心价值观的意识。

◆　培养学生的担当精神。

## 学习情境导入

### 京张高铁：跨越百年　惊艳世界

110 年前，詹天佑主持修建了由中国人自行设计和建造的第一条干线铁路——京张铁路，打破了外国人"中国能修京张铁路的工程师还没出生呢"的论断。他将"人"字形铁路首次运用在我国干线铁路上，通过延长距离，使列车能顺利通过京张铁路关沟段的大坡度。如今，京张高铁在"人"字形下方穿过，与百年京张铁路完成立体交会，形成一个"大"字。京张铁路如图 1-1 所示，京张高铁如图 1-2 所示。

图 1-1　京张铁路

图 1-2　京张高铁

京张高铁是我国首条采用自主研发的北斗卫星导航系统的智能高速铁路。智能动车组实现了时速 350 km 的自动驾驶，可实现车站自动发车、区间自动运行、车站精准自动对标停车、自动开门防护等操作。智能运营的基础是智能建造。京张高铁在建设中，首次融合 BIM、GIS 等新技术，同步推进数字铁路和实体铁路建设。通过集成施工图设计电子文件，我国铁路建设者在全球首次建立了全线、全专业的三维 BIM 模型，为铁路设计、建设、施工、监理等环节提供统一的协同管理平台，指导实体铁路建设。京张智能高铁是我国智能铁路最新成果的首次集成化应用，进行了 67 项智能化专题科研，在列车自动驾驶、智能调度指挥、故障智能诊断、建筑信息模型、北斗卫星导航、生物特征识别等方面实现了重大突破。

计算机辅助功能的大量使用，是智能高速铁路的重要特征。本项目对计算机辅助设计软件 Auto CAD 2018 的基础技能进行介绍。

# 任务 1.1 认识 AutoCAD 2018 工作界面

## 1.1.1 工作界面组成

双击计算机桌面上的启动图标，启动 AutoCAD 2018 程序，AutoCAD 2018 启动界面如图 1-3 所示。待程序加载完成进入"开始标签"，如图 1-4 所示。单击【开始绘制】按钮，进入 AutoCAD 2018 工作界面，如图 1-5 所示。

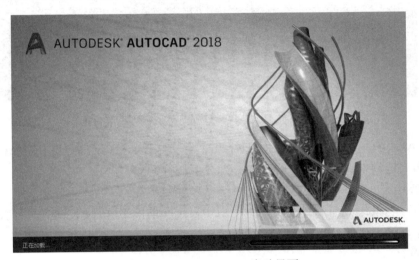

图 1-3 AutoCAD 2018 启动界面

图 1-4 AutoCAD 2018 开始标签

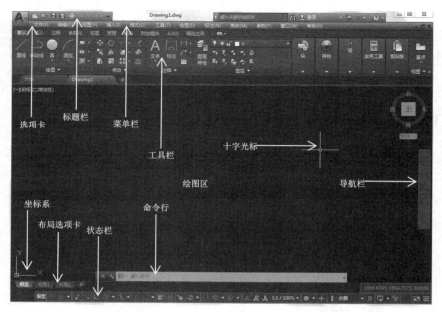

图 1-5　AutoCAD 2018 工作界面

AutoCAD 2018 工作界面主要由标题栏、菜单栏、工具栏、绘图区、十字光标、坐标系、命令行、布局选项卡、状态栏、导航栏等部分组成。

**1. 标题栏**

标题栏位于工作界面的最上方，主要用于显示当前图形文件的名称和新建、保存、另存为、打印、最大化、最小化、关闭等功能按钮。

**2. 菜单栏**

菜单栏中包含 AutoCAD 2018 中大部分命令，并按命令的功能、用途进行了分类。AutoCAD 2018 主要有文件、编辑、视图、插入、格式、工具、绘图、标注、修改、参数等功能菜单，功能菜单下的部分菜单还有子菜单。【格式】菜单及子菜单如图 1-6 所示。

图 1-6　【格式】菜单及子菜单

### 3. 工具栏

工具栏由一系列图标按钮构成，每一个图标按钮形象地表示一条 AutoCAD 2018 命令，单击某一个按钮，即可调用相应的命令。

### 4. 绘图区

绘图区是工作界面中部的区域，是绘制和显示图形的区域，相当于手绘的图纸，是无限大的区域。

### 5. 十字光标

在绘图区中，光标变成十字形状，称为十字光标，它的交点显示当前点在坐标系的位置，用于绘制、选择图形对象等操作。

### 6. 坐标系

坐标系位于绘图区左下角，主要用于显示当前使用的坐标系及坐标方向等。坐标系分为世界坐标系（WCS）和用户坐标系（UCS），两种坐标系都可以通过坐标（$x, y$）来精确定位。

### 7. 命令行

命令行也称为命令提示行，位于绘图区下方。在 AutoCAD 2018 中任何操作命令都会显示在命令行中。

### 8. 状态栏

状态栏位于工作界面的最下方，用来显示和控制当前的操作状态。状态栏上方最左侧的一组数字反映当前光标在绘图区的位置，其余部分为辅助工具按钮，用于开启或关闭 AutoCAD 2018 的辅助绘图功能。

### 9. 布局选项卡

布局选项卡用于实现模型空间与图纸空间的切换，如图 1-7 所示。在默认状态下，AutoCAD 2018 显示模型空间。

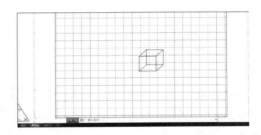

图 1-7　【模型】空间与【图纸】空间

### 10. 导航栏

导航栏中包含一些常用的导航工具，如"全导航控制盘""平移""缩放""动态观察"等，用于移动、缩放、旋转当前视图。

## 1.1.2　设置工作界面

### 1. 工具栏的调用或隐藏

AutoCAD 2018 为用户提供多种工具栏，如果把所有的工具栏都放在界面中，会遮挡窗口界面。一般情况下，我们需要把经常使用的工具栏显示在窗口界面中，隐藏不经常使用的工具栏，这样可以扩大绘图空间，便于我们绘制图形。

操作方法：依次选择【工具】|【工具栏】|【AutoCAD】，如图 1-8 所示。在显示的子菜单中，选择要调用或隐藏的工具栏名称，如果是当前窗口界面中已经调用的工具栏，在弹出的菜单中工具栏名称前面会出现"√"，否则为隐藏的工具栏。

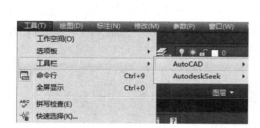

图 1-8　工具栏菜单

### 2. 修改十字光标大小

十字光标的大小默认为屏幕大小的 5%左右，用户可以根据绘图时的实际需要修改十字光标的大小。

操作方法：依次选择【工具】|【选项】，打开【选项】对话框，在对话框【显示】选项卡中的"十字光标大小"选项栏的编辑框中输入数值或拖动编辑条，即可改变十字光标的大小，如图 1-9 所示。

### 3. 修改绘图区颜色

AutoCAD 2018 绘图区颜色默认为黑色，用户可根据实际需要修改绘图区的颜色，便于绘制图形和展示图纸。

操作方法：依次选择【工具】|【选项】，打开【选项】对话框，在对话框【显示】选项卡中的【窗口元素】选项栏中，单击【颜色】按钮，打开【图形窗口颜色】对话框，在

对话框中设置相关参数，并单击【应用并关闭】按钮，完成绘图区颜色的修改，如图 1-10 所示。

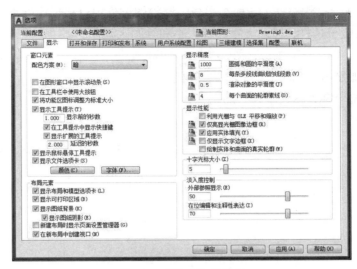

图 1-9　【选项】对话框

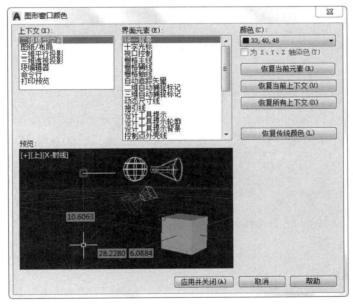

图 1-10　【图形窗口颜色】对话框

【任务小结】

AutoCAD 2018 工作界面主要由标题栏、菜单栏、工具栏、绘图区、十字光标、坐标系、命令行、布局选项卡、状态栏、导航栏组成，在绘图过程中可根据实际需要选择合适的工作空间、显示/隐藏工具栏、修改十字光标大小和绘图区颜色等。

【任务实训】

训练 1：添加显示"标注""图层"工具栏。

训练 2：调整十字光标大小为"25"。

# 任务 1.2   AutoCAD 2018 基本操作

## 1.2.1   文件管理

### 1. 新建图形文件

在绘制图形前，需要建立 AutoCAD 2018 图形文件。新建图形文件有以下 4 种方法。

（1）下拉菜单：选择【文件】中的【新建】。

（2）工具栏：在工具栏中单击【新建】按钮。

（3）快捷键：按 Ctrl+N 组合键。

（4）命令：在命令栏中输入 "New" 命令。

执行命令后，在弹出的【选择样板】对话框中选择图形样板，AutoCAD 2018 默认选择的是 acadiso.dwt 样板，如图 1−11 所示。用户可以根据实际需要选择其他样板格式，选择样板后单击【打开】按钮，即可新建一个文件名为 "Drawing1.dwg" 的图形文件。

图 1−11　【选择样板】对话框

### 2. 打开图形文件

在绘图过程中，我们可以打开计算机中已经存在的图形文件。打开图形文件有以下 4 种方法。

（1）下拉菜单：选择【文件】中的【打开】。

（2）工具栏：在工具栏中单击【打开】按钮。

（3）快捷键：按 Ctrl+O 组合键。

（4）命令：在命令栏中输入 "Open" 命令。

执行命令后，在弹出的【选择文件】对话框中选择要打开的图形文件，如图 1-12 所示。选择文件后单击【打开】按钮，即可打开所选择的图形文件。

图 1-12 【选择文件】对话框

### 3. 保存图形文件

在绘图结束后，我们需要保存绘制的图形。保存图形主要有保存和另存为两种方式，二者之间的区别在于：保存是将当前文件保存在原文件上，另存为则是将当前文件以另一个文件的形式保存下来。保存图形文件有以下 4 种方法。

（1）下拉菜单：选择【文件】中的【保存】|【另存为】。

（2）工具栏：在工具栏中单击【保存】|【另存为】。

（3）快捷键：按 Ctrl+S 组合键。

（4）命令：在命令栏中输入 "Save" | "Saveas" 命令。

执行命令后，在弹出的【图形另存为】对话框中选择要存储文件的路径，如图 1-13 所示。选择存储路径，单击【保存】按钮，即可保存图形文件。

### 4. 关闭图形文件

在绘图完成后，我们需要关闭该图形文件。关闭图形文件有以下 4 种方法。

（1）下拉菜单：选择【文件】中的【退出】。

（2）工具栏：在工具栏中单击【关闭】按钮。

（3）快捷键：按 Ctrl+F4 组合键。

（4）命令：在命令栏中输入 "Close" 命令。

执行命令后，即可退出 AutoCAD 2018，如当前绘制的图形未被保存，则 AutoCAD 2018 会提示是否保存该图形文件。

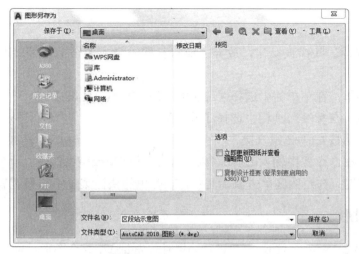

图 1-13 【图形另存为】对话框

## 1.2.2 命令调用

在 AutoCAD 2018 中，在执行任何一项操作时，大多数情况下都相当于执行一个命令，因为命令是 AutoCAD 2018 的核心。在 AutoCAD 2018 中命令的调用和执行都是通过键盘和鼠标来完成的，通常情况下调用命令有以下 3 种方法。

### 1. 菜单选项调用命令

AutoCAD 2018 菜单栏中每个主菜单下面会包括若干子菜单或选项，我们可以根据绘图需要选择某个选项，这时会调用相应的命令，执行相关操作。

### 2. 工具按钮调用命令

工具栏中有很多图标按钮，这些按钮代表一些常用的命令。用户直接点击工具栏上的图标按钮就可以调用相应的命令。

### 3. 命令行输入命令

用户可以在 AutoCAD 2018 工作界面的命令行中输入要执行的命令，按 Enter 键确定，然后可以根据命令提示输入子命令、参数等内容，也可以调用相应命令。在命令行中输入命令是 AutoCAD 2018 最经典的操作方式。

## 1.2.3 撤销、重复与取消命令

### 1. 撤销命令

在 AutoCAD 2018 中，当用户想终止一个命令时，可以按键盘上的 Esc 键撤销当前正在执行的命令。

### 2. 重复命令

当用户需要重复执行同一个命令时，可在第一次执行命令后，直接按回车键或空格键重复执行上一次执行的命令；还可以在绘图区单击鼠标右键，在弹出的快捷菜单中选择【重复（R）Line】。

**3. 取消命令**

当用户想取消一些错误操作，放弃之前执行的一个或多个操作时，可使用以下 5 种方法。

（1）下拉菜单：在菜单栏中选择【编辑】│【放弃（U）Line】。

（2）工具栏：在标注工具栏中选择【放弃】。

（3）快捷键：按 Ctrl+Z 组合键。

（4）命令：在命令栏中输入 Undo（或 U），并按回车或空格键。

（5）鼠标右键：在绘图区单击鼠标右键，在弹出的快捷菜单中选择【放弃（U）Line】。

## 1.2.4 选择图形

在 AutoCAD 2018 中，对图形对象进行编辑时首先要选中这个图形对象，图形对象被选中后呈高亮度显示，并且由原来的实线变为虚线。最常用的选择图形对象的方法有以下几种。

**1. 点选方式**

通过鼠标或其他计算机输入设备直接点取图形对象。

**2. 窗口选取方式**

将光标拾取框移动到绘图区适当位置，当命令行提示"指定对角点"时，按住鼠标左键由左向右拖动形成一个选择区域，这时完全位于选择区域内的图形对象均被选中，且呈高亮度显示，而位于选择区域以外及与选择区域相交的图形对象不能被选中。

**3. 交叉窗口选取方式**

将光标拾取框移动到绘图区适当位置，当命令行提示"指定对角点"时，按住鼠标左键由右向左拖动形成一个选择区域，这时完全位于选择区域内及与选择区域相交的图形对象均被选中，且呈高亮度显示，而位于选择区域以外的图形对象不能被选中。

**4. 全选方式**

如果要将绘图区中全部图形对象选中，按键盘上 Ctrl+A 组合键，即可选中绘图区中全部的图形对象。

**【任务小结】**

AutoCAD 2018 的基本操作包括新建、打开、保存和关闭等常用的图形文件管理操作，还包括命令的调用和撤销，重复、取消命令的使用，以及图形选择的方式和方法等。

**【任务实训】**

按下列要求完成操作。

（1）新建一个 AutoCAD 2018 图形文件。

（2）在【绘图】菜单栏中，选择直线命令。

（3）在绘图区中的不同位置绘制 10 条直线，位置、长度、方向任意拟定。

（4）分别使用点选、窗口、交叉窗口、全选的方法选中绘图区中的图形。

（5）将文件保存，并以"直线"命名。

# 任务 1.3　AutoCAD 2018 绘图环境设置

## 1.3.1　设置图形单位

AutoCAD 2018 中的图形都是以真实比例绘制的，所以在确定图形之间的缩放和标注比例，以及出图打印时都需要对图形单位进行设置。AutoCAD 2018 提供了适合各种专业绘图的绘图单位，其默认的绘图单位为毫米（mm）。用户也可根据实际绘图需要设置图形的单位，设置方法有以下 2 种。

（1）下拉菜单：选择【格式】中的【单位】。

（2）命令：在命令栏中输入"Units"命令。

执行命令后，在弹出的【图形单位】对话框中设置长度、角度、缩放单位、光源等参数，如图 1-14 所示。

① 长度：设定长度的单位类型和精度。

② 角度：设置角度的单位类型和精度。顺时针主要控制角度方向的正负，在默认情况下逆时针为正，若选中复选框则顺时针为正。

③ 插入时的缩放单位：主要是在插入图块时，设定图块的单位换算方式。

④ 光源：用于指定光源强度的单位，可在下拉列表中选择一种。

图 1-14　【图形单位】对话框

## 1.3.2　设置图形界限

图形界限是绘图的范围，相当于手工绘图时的图幅。在 AutoCAD 2018 中，绘图区是无限大的，但是绘制的图形是有指定大小的。所以，在绘图之前要设定合适的绘图界限，这样有利于确定图形绘制的大小、比例和图形之间的距离，以及可以检查绘制的图形是否超出"图幅"。设置图形界限有以下 2 种方法。

（1）下拉菜单：选择【格式】中的【图形界限】。

（2）命令：在命令栏中输入"Limits"命令。

执行命令后，首先指定图形界限的左下角点。一般情况下，图形界限的左下角点为（0，0），即坐标原点。在指定图形界限的右上角点，AutoCAD 2018 根据指定的左下角点和右上角点生成一个矩形的图形界限。

**命令提示：**

```
命令：'_limits
重新设置模型空间界限：
指定左下角点或 [开（ON）/关（OFF）] <1102.7248，1332.5157>：
指定右上角点 <1599.4675，1389.4953>：(< >中的值为光标所在位置的坐标值)
```

① 开（ON）：表示打开图形界限检查，如果所绘制的图形超出图形界限范围，则不会绘制该图形，并提示错误信息，确保图形绘制的精准性。

② 关（OFF）：表示关闭图形界限检查，如果所绘制的图形超出图形界限范围，也会绘制该图形。

③ 指定左下角点：设置图形界限的左下角点坐标。

④ 指定右上角点：设置图形界限的右上角点坐标。

通过对以上参数的设置，可以设置符合实际绘图要求的绘图界限，从而在绘图时灵活地掌握图形的大小、比例和图形之间的距离等。

### 1.3.3 坐标系

在绘图过程中要精确定位某个对象时，必须以某个坐标系作为参照，以便精确拾取点的位置，通过坐标系可以准确地设计并绘制图形。AutoCAD 2018 中包括世界坐标系（WCS）和用户坐标系（UCS）2 种，用户可以根据实际绘图需要选择和使用这 2 种坐标系。

#### 1. 世界坐标系（WCS）

世界坐标系（WCS）是 AutoCAD 2018 中默认使用的坐标系，它由 $X$ 轴、$Y$ 轴和 $Z$ 轴组成，水平方向为 $X$ 轴，以向右为正方向；垂直方向为 $Y$ 轴，以向上为正方向；垂直于 $X$ 轴和 $Y$ 轴平面的坐标轴为 $Z$ 轴，以垂直于屏幕向外为正方向，如图 1−15 所示。

世界坐标系（WCS）中 3 个轴的交点显示"□"形标记，在绘制图形时坐标系的原点和坐标轴的方向都不会改变，坐标系的原点坐标默认为（0，0，0），绘图区中任意一点都可以用从原点的位移来表示。

#### 2. 用户坐标系（UCS）

为了更好地辅助绘图，需要经常改变坐标系的原点和方向，这时世界坐标系就会变成用户坐标系（UCS）。用户坐标系（UCS）中的 $X$ 轴、$Y$ 轴和 $Z$ 轴是相互垂直的，并且坐标系原点及 3 个坐标轴的方向是可以移动和旋转的，增加了绘图的灵活性，且坐标轴交点没有"□"形标记，如图 1-16 所示。

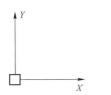

图 1-15　世界坐标系（忽略 $Z$ 轴）　　　　图 1-16　用户坐标系（忽略 $Z$ 轴）

### 3. 坐标的表示方法

在 AutoCAD 2018 中，坐标有 4 种表示方法，分别是绝对直角坐标、相对直角坐标、绝对极坐标和相对极坐标。因为在绘制铁路线路与站场示意图时，绘制的都是二维平面图形，$Z$ 坐标值永远为 0，所以 $Z$ 坐标忽略。

1）绝对直角坐标

绝对直角坐标是当前点相对坐标原点发生的位移。其表示方式为："$x，y$"，$x$ 表示点在 $X$ 轴上相对于坐标系原点的位移，$y$ 表示点在 $Y$ 轴上相对于坐标系原点的位移，如图 1-17（a）所示。

**注意**：输入的"，"必须是英文状态下的"逗号"；如果点在 $X$ 轴或 $Y$ 轴上的位置为负方向，则在坐标数值前加"-"号。

2）相对直角坐标

相对直角坐标是当前点相对于前一点的位移。表示方式为："$@x，y$"，$x$ 表示点在 $X$ 轴上相对于前一点的位移，$y$ 表示点在 $Y$ 轴上相对于前一点的位移，如图 1-17（b）所示。

**注意**：输入相对直角坐标时，必须要在前面加"@"符号。

3）绝对极坐标

绝对极坐标是相对于坐标系原点，以"距离和角度"的形式发生的位移。表示方式为："距离<角度"，距离表示当前点与坐标系原点的直线距离，角度为当前点和坐标系原点形成的直线与 $X$ 轴之间的夹角数值，如图 1-17（c）所示。

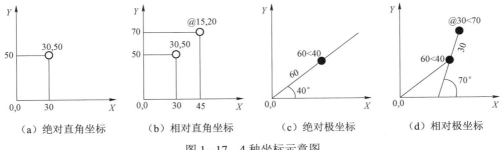

（a）绝对直角坐标　　（b）相对直角坐标　　（c）绝对极坐标　　（d）相对极坐标

图 1-17　4 种坐标示意图

注意：角度逆时针旋转为正，顺时针旋转为负；距离和角度中间必须输入"<"号。

4）相对极坐标

相对极坐标是相对于前一点以"距离和角度"的形式发生的位移。表示方式为："@距离<角度"，距离表示当前点与前一点的直线距离，角度为当前点和前一点形成的直线与 $X$ 轴之间的夹角数值，如图 1-17（d）所示。

【任务小结】

AutoCAD 2018 绘图环境的设置包括设置图形单位、设置图形界限和坐标系，以及绝对直角坐标、相对直角坐标、绝对极坐标和相对极坐标的表示方法。

【任务实训】

按要求完成以下操作。

（1）设置图形单位为"cm"。

（2）以坐标系原点为左下角点，建立"长""宽"均为 20 cm 的图形界限。

（3）在定义的图形界限中，以（10，10）点为中心点，使用直线命令绘制一个边长为 8 cm 的正方形。

（4）保存图形文件并以"正方形"命名。

# 任务 1.4　AutoCAD 2018 图层管理

## 1.4.1　图层的概念

图层是 AutoCAD 2018 中用来组织和管理图形最有效的工具之一。AutoCAD 2018 中图层就像是一张透明的纸，每个图层上绘制有不同样式、类型的图形，最后需要将这些绘有图形的透明纸完全重合在一起，这样就会形成我们所需要的图纸。每一个图层都以一个名称作为标识，并且拥有各自的颜色、线型、线宽等各种样式特性，还包括开、关、冻结等不同的状态，以便于管理和使用。

在 AutoCAD 2018 中，用户可以使用默认的图层进行绘制，也可以根据绘图需要创建新的图层，每个图层都是相对独立的，在启动某一个图层时，不会影响其他图层上的图形，用户可以自由编辑和设置每个图层的颜色、线型、线宽的样式特性，使图形清晰、有序、便于观察，从而提高绘制复杂图形的准确性和时效性。

## 1.4.2　图层的特性

图层中包含名称、颜色、线型、线宽、打开/关闭、冻结/解冻、锁定/解锁和打印等特性，用户可以根据绘图需要在【图层特性管理器】对话框中进行设置，如图 1-18 所示，启动【图层特性管理器】对话框有以下 3 种方法。

（1）下拉菜单：选择【格式】中的【图层】。

（2）工具栏：在图层工具栏中选择【图层特性】。

（3）命令：在命令栏中输入"Layer"命令。

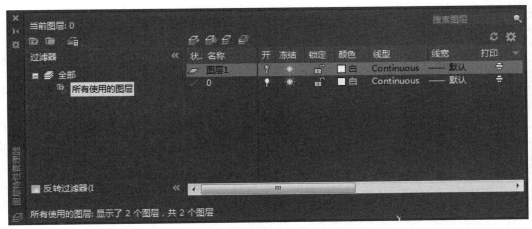

图 1-18　【图层特性管理器】对话框

### 1. 名称

图层的名称是图层的唯一标识。通常情况下，我们在设置图层名称时，都会以该图层的特性和其使用范围作为名称，这样可以说明该图层的用途，便于使用。在命名时需要注意，图层的命名可以包括字母、数字、中文字符和一些专用字符，但不能出现空格。

### 2. 颜色

颜色在图形中具有非常重要的作用，可用来表示不同的组件、功能和区域。图层的颜色实际上是图层中图形对象的颜色。每个图层都拥有自己的颜色，对不同的图层可以设置相同的颜色，也可以设置不同的颜色，在绘制复杂的图形时可以使用不同的颜色来区分图形的各个部分。

### 3. 线型

线型是图形基本元素线条的组成和显示方式，例如实线、虚线和其他样式的线条等。在 AutoCAD 2018 中不仅有简单线型，还有一些由特殊符号组成的复杂线型，以满足用户的要求。在绘制图形时，可以通过设置线型来区分图形元素。

### 4. 线宽

线宽是指线条的宽度。在 AutoCAD 2018 中，使用不同线宽的线条表现对象的大小或类型，可以提高图形的表达力和可读性。线宽一般是以毫米（mm）为计量单位的。

### 5. 打开/关闭

图层的打开/关闭状态决定了某一图层的内容是否可见，图层只有在打开状态下才可以被显示、编辑或打印输出；在关闭状态下，该图层上的图形对象不能被显示或打印，但这些图形对象仍是整张图的一部分，只是被隐藏起来，这样可以减少无关图层对当前工作的干扰。

### 6. 冻结/解冻

图层的冻结/解冻状态决定了某一图层上的图形对象能否被显示、编辑修改、打印输出，以及是否能够参加图形之间的运算。用户可以将长期不需要显示的图层冻结，以提高图形对象选择的性能，减少图形的重生成时间。如需要显示该图层，解冻该图层即可。

### 7. 锁定/解锁

图层的锁定/解锁状态控制该图层能否被编辑。当图层处于锁定状态，则该图层上的图形可以被显示，且原有图形不能被编辑，但可以在该图层上绘制新的图形。

### 8. 打印

图层的打印状态决定该图层及图层上的图形能否被打印，在绘制图形时需要大量的构造线、参照信息等辅助内容，这些内容是不需要被打印的，所以可以将这些图层的打印状态设置为关闭即可。

## 1.4.3　图层的创建与设置

在默认情况下，AutoCAD 2018 会自动创建一个名称为 0 的特殊图层，在绘图过程中，用户需要使用更多的图层来组织图形，这就需要创建新图层。

**1. 图层的创建**

（1）打开【图层特性管理器】对话框，如图 1-18 所示。

（2）在【图层特性管理器】对话框中单击【新建】，系统会自动在图层列表框中建立一个名为"图层 1"的新图层。

**2. 图层的设置**

在默认情况下，新建立图层的特性与当前图层设置相同。用户可以根据需要对新图层进行设置。

1）修改图层名称

在图层列表框中，单击要修改名称的图层，待图层名称呈可编辑状态，即可输入名称，如图 1-19 所示。

图 1-19 修改图层名称（修改图层名称为"构造线"）

2）设置图层颜色

新建图层后，如果需要改变图层的颜色，可以在【图层特性管理器】对话框中，单击图层的【颜色】按钮，打开【选择颜色】对话框，如图 1-20 所示。

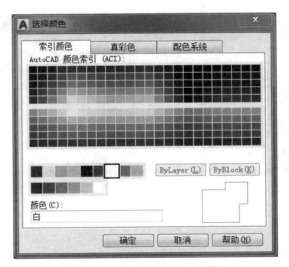

图 1-20 【选择颜色】对话框

3）设置图层线型

新建图层后，如果需要改变图层的线型，可以在【图层特性管理器】对话框中，单击图层的【线型】按钮，打开【选择线型】对话框，如图 1-21 所示。如果要选择其他类型的线型，可以从线型库中加载所需的线型，单击【加载】按钮，打开【加载或重载线型】对话框，如图 1-22 所示。

图 1-21 【选择线型】对话框 图 1-22 【加载或重载线型】对话框

4）设置图层线宽

在【图层特性管理器】对话框中，单击图层的【线宽】按钮，打开【线宽】对话框，如图 1-23 所示。依次选择【格式】中的【线宽】，打开【线宽设置】对话框，可以自定义设置线宽样式，如图 1-24 所示。

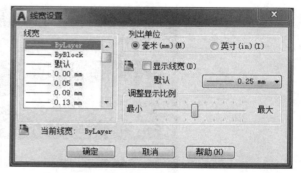

图 1-23 【线宽】对话框 图 1-24 【线宽设置】对话框

## 1.4.4 图层的管理

### 1. 删除图层

删除图层需要在【图层特性管理器】对话框中进行，有以下 3 种方法。

（1）选中要删除的图层，单击【图层特性管理器】对话框中的【删除】。

（2）选中要删除的图层，单击鼠标右键，在弹出的快捷菜单中选择【删除】。

（3）选中要删除的图层，按 Alt+D 组合键。

## 2. 设置当前图层

由于绘图时只能在当前图层上进行，所以用户需要经常改变当前图层，将某个图层设置成当前图层，有以下 2 种方法。

（1）在【图层特性管理器】对话框中，选中要应用的图层，单击【置为当前】，这时在选定的图层上会出现 "√" 标记，这说明该图层已经被设为当前图层。

（2）在"图层"工具栏中的下拉列表中选择设置为当前图层的图层名称，如图 1-25 所示。

图 1-25　"图层"工具栏

## 3. 修改图层特性

在【图层特性管理器】对话框中，选择要修改特性的图层，根据绘图需要，设置该图层的颜色、线型、线宽等特性。

【任务小结】

本任务主要介绍了图层的概念、特性、创建和管理的方法，特别是图层的颜色、线型、线宽，以及图层状态的设置方法。在 AutoCAD 2018 中，图层是用于组织复杂图形的必要工具，它对于图形文件中各类对象的分类管理和综合控制起着重要作用。

【任务实训】

按要求完成以下操作。

（1）创建 2 个新图层，分别以"实线"和"虚线"命名。

（2）设置"实线"图层特性，要求：图层颜色为"黄色"、线型为"Continuous"、线宽为"0.30 mm"。

（3）设置"虚线"图层特性，要求：图层颜色为"红色"、线型为"ISO02W100"、线宽为"0.20 mm"。

（4）分别对两个图层使用直线命令，绘制长为 80 mm，宽为 60 mm 的矩形。

## 身边榜样

　　彭祥华，1969年出生于重庆铜梁的一户乡村人家。初中毕业后，彭祥华开始跟外公学木工，因杀猪更能挣钱，又跟着爷爷杀猪。"杀猪是个体力活，要吃得苦，就这样，我干了好几年。"彭祥华回忆说。1994年，彭祥华的父亲到了退休年龄。在父母的劝说下，25岁的彭祥华进入中铁二局工作，被分配到国家重点建设工程项目横南铁路工地上班。起初，他对工地上的工作不熟悉，工地班长看他个子高，身体强壮，又学过木匠，就安排他做木工。这对他来说，驾轻就熟，加之他踏实肯干，在短短一年时间中就掌握了隧道衬砌木模的施作方法，并对二衬台车横撑进行优化，采用预埋钢构件结合环链葫芦斜拉代替台车横撑，解决了小断面隧道二衬施工过程中台车下无法通行的弊病，提高了施工工效，保证了掌子面工序的正常进行。很快，彭祥华当上了木工班班长。

　　彭祥华并不满足当一个木工班长，他把目光投向了技术难度更大，更加具有挑战性的工作。彭祥华说，当时工地上，工资最高的工人就是爆破工，每月比其他工人高出几十元钱，上班时间要短些，但危险程度高。1997年，在参加山西朔黄铁路建设时，他一边从事木工班长工作，一边深入开挖班学习，并不断总结，熟练掌握了隧道开挖爆破技术，成为一名爆破普工。进入爆破领域，他就像一块海绵一样，如饥似渴地学习、吸收爆破知识。一遇到自己无法琢磨透的问题，他就马上去问经验丰富的老工人、老师傅。可是没多久，所在的队伍里便没有人教得了他了，怎么办？彭祥华想到了书本。其实，文化水平不高的他一直都不喜欢读书，尤其是乏味的专业书，可是一捧起和爆破有关的书籍，他就再也舍不得放下。有空就看书，工友们喝酒时，他在看书；工友们打牌时，他在看书；工友们睡觉时，也常常看见他在看书。一本《实用爆破技术》被他翻得封面都快掉了，书里介绍的内容，他随手一翻，就能准确翻到自己想找的位置。"书是人类进步的阶梯。"可是囿于当时的条件，书籍流通并不如今天方便，可供他学习的书本并不多，并且在实际操作中，彭祥华也遇到了许多书本知识并不能解决的问题，那是彭祥华最愁苦的时期。

　　幸运的是，2001年，32岁的彭祥华参建了青藏铁路，当时的青藏高原汇集了全国无数顶尖的专家、技师等优秀人才，业主、设计单位、工会组织了各种学习和培训。这对于彭祥华来说就像隧道爆破贯通时外面的阳光照进来了一样，整个心里都亮堂堂的，他迫不及待地通过项目部报名，逢培训必去，认真听课，不懂就问，将心中长时间积攒的疑惑一一解决，也就是在这一时期，他结合现场实际情况解决了冻土条件下的二衬施作难题和软硬交接岩层的爆破超欠挖问题，被公司认定为爆破中级工。2007年，彭祥华临危受命被派往汶川参加古城水电站引水隧洞建设，任工区长一职，当时古城水电站引水隧道遭遇施工瓶颈期，川西地区的富水千枚岩层给隧道施工带来了不小的麻烦，千枚岩岩性较软，且其遇水软化的特性给隧道施工带来巨大的困难。彭祥华到工地的第一天就直奔隧道施工现场，他发现当时的隧道爆破效果极差，不是超挖严重就是欠挖严重，喷射回填超挖部分和补炮处理消耗了大量时间。为了解决爆破问题，从钻孔打眼、装药爆破到查看爆破效果，他都亲力亲为，经过对几次爆破过程的总结分析，他发现爆破效果差主要是因为在爆破过程中没有针对富水千枚岩层设计炮眼位置。针对这个问题，彭祥华通过翻阅资料、重新计算并进行现场试验，提出了"周边眼""掘金眼"等优化方案，经过优化后的爆破取得了较好的效果，超挖、欠挖得到了明显的控制，同时有效地降低了炸药单耗，节约了喷射混凝土量，降低了工序时长，提升了施工进度，为古城水电站引水隧洞的提前顺利贯通提供了有力保障。他也因此被公司认定为高级爆破工。

2015 年 6 月，川藏铁路拉萨至林芝段全面开工，中铁二局二公司承建的是拉林段地质最复杂的东嘎山隧道。

隧道爆破挖掘时洞口外侧山坡上那些不牢靠的石头，稍受震动就有可能滑落，殃及下方的雅鲁藏布江水，况且川藏铁路的地质基础是印度洋板块和欧亚板块的碰撞缝合带，属地震多发区，在这样的地质构造带上挖隧道，几乎等于在掏潘多拉的盒子。东嘎山隧道的山体属炭质千枚岩和石英粉砂岩构造，这两种岩体遇水就会膨胀软化，要完成这样的爆破任务，必须要胆大心细技术精，公司领导果断决定：让彭祥华去！临危受命，彭祥华赶赴前线。在软弱的岩层上实施精准爆破，彭祥华也不敢怠慢，他总是亲自前去测量，保证数据精确，再依据山体 B 超资料，制订精准爆破方案。公司有关负责人介绍说，决定精准爆破效果的关键因素之一是装药量，为此彭祥华一直是自己分装炸药，凭借多年分装炸药的经验，能够把装填药量控制在毫克，误差控制得远远小于规定的最小误差。经过他装填后的炸药，爆破出来的掌子面十分平滑，极少出现超挖、欠挖现象。隧道内爆破面上通常有几十个炮孔，他总是用厘米为单位来计量炮孔深度，用毫米来计量炮孔与炮孔间的距离，每个炮孔中的引爆雷管都要按照设计顺序爆炸，不同炮孔之间的起爆时差，在十几毫秒至一百毫秒间，还不到一眨眼的工夫。每个炮孔的相对位置、精准装药量、引爆时间等因素，必须作为密切关联的系统来考虑，让它们以最佳效果相互作用，以求得严格控制下的合适爆破力度，那些在外人看来狂烈的爆破，在彭祥华的耳中是旋律清晰、有序的弹奏。每次巨大的爆破声过后，最危险的工作就是走入爆破现场，检查爆破效果和排除可能存在的哑炮，每到这个时候，彭祥华都阻止其他工友靠近，独自一人走进爆破现场。工友们却都十分安心，因为彭祥华从未让工友们失望过，他是大家公认的"爆破王"。

# 项目 2　铁路站场二维简单图形绘制

## 项目分析

　　本项目主要介绍使用 AutoCAD 2018 绘制直线、多段线、图形阵列的方法，以及绘图辅助功能的操作方法。通过学习，我们要掌握使用 AutoCAD 2018 绘制、编辑铁路线路、道岔、行车线等铁路站场图中相关二维简单图形的方法，对 AutoCAD 2018 有一个整体的了解，能完成一些基本图形的绘制操作，为后续的学习打下坚实的基础。

**知识目标：**

◆　掌握 AutoCAD 2018 的基本绘图命令。

◆　掌握 AutoCAD 2018 的基本辅助绘图命令。

◆　掌握 AutoCAD 2018 的图形阵列的绘制方法。

**知识目标：**

◆　能够使用 AutoCAD 2018 绘制基本图形。

◆　能够使用 AutoCAD 2018 编辑图形。

◆　能够独立完成铁路站场图中二维图形的绘制。

**素质目标：**

◆　培养细致、严谨的阅图和绘图习惯。

◆　培养自主学习、思考、决策和创造的能力。

◆　提高计算机使用和操作能力。

**思政目标：**

◆　帮助学生树立中国特色社会主义道路自信、理论自信、制度自信、文化自信。

◆　在潜移默化中引导学生树立正确的世界观、人生观、价值观。

## 学习情境导入

　　昆明南站位于云南省昆明市呈贡区吴家营街道白龙潭山脚之西，坐东向西，东方是山区，西距昆明市政府大楼约 3 km、距滇池约 7 km，南方是西南联大旧址和呈贡大学城，北距昆明站约 28 km。昆明南站在我国车站的等级中属于特等站，其站房的设计结合昆明特有的地域文化特征，从外观上看就像打开的孔雀屏一样，充分显示了昆明的地域特色。

　　昆明南站是中国西南地区最大的高铁站，对西南地区的发展有很大的推动作用。昆明南站如图 2-1 所示。

图 2-1　昆明南站

　　昆明南站是云南"八入滇、五出境"国际铁路通道的重要枢纽节点，是西南地区大型综合性交通枢纽，是西南地区建设规模最大的火车客运站。昆明南站还是国家"一带一路"规划中辐射东南亚的重要基础设施，也是云南省"五网"建设中路网的重要交通枢纽，是集捷运铁路（高铁、快铁、城际铁路）、地铁、公交车、出租车等交通方式于一身的特大型综合交通枢纽站。

　　昆明南站为沪昆高速铁路、云桂铁路、渝昆高速铁路、泛亚铁路、昆玉客运专线、环滇铁路的交点，总建筑面积 334 700 $m^2$，其中站房建筑面积 12 万 $m^2$，总投资约 31.84 亿元。昆明南站从 2011 年 6 月 20 日开始打下第一根桩开始，历时 5 年建设。2016 年 12 月 28 日，沪昆高铁、云桂高铁的通车标志着昆明南站正式投入运营。

　　昆明南站结合昆明独有的地域文化特点，以"雀舞春城、美丽绽放"为主题，用"孔雀开屏、鲜花绽放"的形象寓意昆明城市的开放进取和热情好客。同时建筑用多种细部装饰和构件等建筑语言，表达昆明"民族交融、国际交流""西南枢纽、南亚之门"这一高原明珠城市的特点。

# 任务 2.1　铁路线路的绘制

## 2.1.1　铁路线路概要

运行列车和机车车辆的线路称为铁路线路，简称线路。线路是列车和机车车辆运行的基础，它是由路基、桥梁建筑物、轨道组成的一个整体的工程结构。铁路线路主要分为到发线、牵出线、货物线、安全线等。

## 2.1.2　知识准备

在绘制铁路站场图时，铁路线路多以直线、折线、虚线等样式，以及其线宽大小来表示。直线是各种绘图中最常用、最简单的一类图形对象，只要指定起点和终点就可以绘制一条直线。在 AutoCAD 2018 中，也可以通过坐标系（$x$，$y$）来确定直线中的一个端点，并输入直线的距离值来确定另一个端点，从而确定一条直线。启动"直线"命令通常有以下 3 种方法。

（1）下拉菜单：选择【绘图】中的【直线】，如图 2-2（a）所示。

（2）工具栏：在【绘图】工具栏中单击【直线】，如图 2-2（b）所示。

（3）命令：在命令栏中输入"line"（或缩写 L）命令。

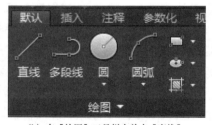

(a) 选择【绘图】中的【直线】　　　　　(b) 在【绘图】工具栏中单击【直线】

图 2-2　启动"直线"命令

执行"直线"命令后，十字光标中间的拾取框会消失，并提示"指定第一个点"，在指定第一点位置后，提示"指定下一点"，通过指定的 2 个点即可绘制一条直线。

**命令提示：**

| | |
|---|---|
| 命令:line | //执行"直线"命令 |
| 指定第一个点: | //指定第一个点的位置 |
| 指定下一点或 [放弃(U)]: | //指定下一个点的位置 |
| 指定下一点或 [放弃(U)]: | |

### 1. 指定直线长度

在绘图过程中，要绘制指定长度的直线，只需在指定第一个点后，输入指定长度的数值即可，如图2-3所示。

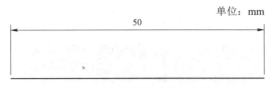

图2-3  绘制指定长度的直线

**命令提示：**

> 命令：line
>
> 指定第一个点：
>
> 指定下一点或 [放弃(U)]:50    //指定直线长度为50mm
>
> 指定下一点或 [放弃(U)]:

### 2. 有夹角的直线

有夹角的直线就是其第一点和第二点不在同一条水平或垂直的直线上，也就是所谓的"斜线"。只要确定两点之间距离和夹角度数就可以确定这条直线，在指定直线长度后，可以移动鼠标来调整角度，也可按键盘 TAB 键输入角度即可绘制有夹角的直线，如图2-4所示。

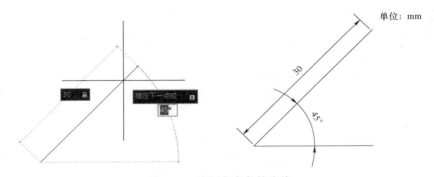

图2-4  绘制有夹角的直线

### 3. 垂直、水平直线

水平或垂直的直线指的是直线的两点在同一水平或垂直的线上，可以通过设置夹角如0°、90°、180°、270°、360°等来绘制，但这样绘制极为不便。在 AutoCAD 2018 中，正交是一种绘图辅助工具，其作用是将光标限制在水平或垂直方向上移动，以便于更加精确地创建和修改对象。此外，正交不仅可以创建垂直和水平对象，还可以增强图形对象的平行性，并且能够实现现有对象的常规偏移。开启和关闭"正交"命令有以下2种方法。

（1）状态栏：单击状态栏中正交限制光标，如图 2-5 所示。

（2）键盘按键：F8 键。

图 2-5  单击正交限制光标

### 2.1.3  牵出线的绘制

牵出线是铁路站线的一种形式，其主要作用是为车列解体、编组、转线调车作业而专设的牵出式调车线路。一般在中间站、区段站、编组站等站场设置牵出线，以提高列车编组能力。在铁路站场图中，牵出线一般由直线段组成，如图 2-6 所示。

图 2-6  牵出线二维示意图

**绘制步骤：**

（1）开启正交模式，绘制 4 条直线，长度分别为 25 mm 和 50 mm，如图 2-7 所示。

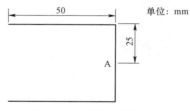

图 2-7  牵出线的绘制 1

**命令提示：**

| | |
|---|---|
| 命令:<正交 开> | //开启正交模式 |
| 命令:line | |
| 指定第一个点://指定起点 | |
| 指定下一点或 [放弃(U)]:50 | //指定第二点,长度为50mm |
| 指定下一点或 [放弃(U)]:25 | //指定第三点,长度为25mm |
| 指定下一点或 [闭合(C)/放弃(U)]:25 | //指定第四点,长度为25mm |
| 指定下一点或 [闭合(C)/放弃(U)]:50 | //指定第五点,长度为50mm |

指定下一点或 [闭合(C)/放弃(U)]:

（2）以图 2-7 中 A 点为起始点，绘制一条长度为 70 mm 的直线，如图 2-8 所示。

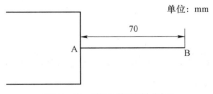

图 2-8　牵出线的绘制 2

**命令提示：**

命令:line

指定第一个点://指定 A 点为第一点

指定下一点或 [放弃(U)]:70　　　　//指定第二点,长度为70mm

指定下一点或 [放弃(U)]:

（3）关闭正交模式，以图 2-8 中 B 点为起始点，绘制 4 条直线，其长度和夹角度数如图 2-9 所示。

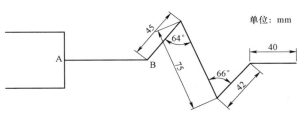

图 2-9　牵出线的绘制 3

**命令提示：**

命令:line

指定第一个点:

指定下一点或 [放弃(U)]:45

指定下一点或 [放弃(U)]:75

指定下一点或 [闭合(C)/放弃(U)]:42

指定下一点或 [闭合(C)/放弃(U)]:40

指定下一点或 [闭合(C)/放弃(U)]:

**【任务小结】**

　本任务通过对铁路站场中牵出线的绘制，掌握使用 AutoCAD 2018 绘制直线的方法，包括固定长度直线、有夹角直线和垂直/水平的直线，以及掌握"正交限制光标"辅助工具的使用方法。

**【任务实训】**

（1）绘制 3 条到发线，要求 3 条线相互平行，之间的距离为 20 mm。

（2）如图 2−10 所示，绘制铁路牵出线。

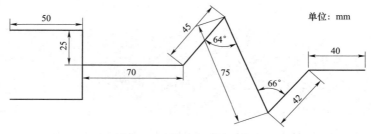

图 2−10　任务 2.1 的实训图

# 任务 2.2　道岔的绘制

## 2.2.1　铁路道岔概要

道岔是使机车车辆由一条线路转往另一条线路的连接设备，通常设在车站上，是铁路轨道的一个重要组成部分。道岔结构复杂，零件较多，通过的机车车辆频繁，技术标准要求高，是轨道设备的薄弱环节。为了满足各种情况下的行车要求，我国铁路采用的道岔结构形式有多种，一般常用的有单开道岔、对称道岔、三开道岔和交分道岔 4 种。

## 2.2.2　知识准备

在铁路站场图中，道岔多以直线图形来表示。通过各直线段的长短、方向，以及显示样式来表示单开道岔、对称道岔、三开道岔和交分道岔。在道岔的绘制过程中，需要使用 AutoCAD 2018 中的辅助工具来确定线段的起始位置及绘制镜像图形。

### 1. 对象捕捉

在绘制图形时，使用对象捕捉功能可以精准地拾取直线的端点、两直线的交点、圆形的圆心等。启动"对象捕捉"命令通常有以下 2 种方法。

（1）状态栏：单击状态栏中【对象捕捉】按钮，出现图 2-11 所示【对象捕捉】菜单。

（2）快捷键：按 F3 键。

在状态栏【对象捕捉】菜单中可以选择捕捉的节点对象，例如端点、中点、圆心、交点等；也可以在【草图设置】对话框中设置捕捉的交点类型，如图 2-12 所示。

图 2-11　【对象捕捉】菜单

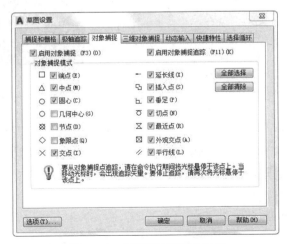

图 2-12　【草图设置】对话框

在开启"对象捕捉"功能时，当十字光标移动到图形中的各类节点上时，该节点呈现节点标记，如图2-13所示。

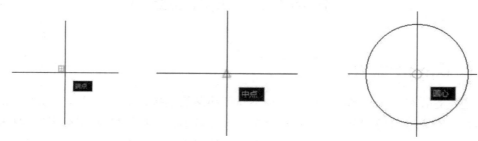

图2-13 节点对象捕捉示意图

### 2. 复制图形

在绘制图形时，通过"复制"命令可以复制单个或多个已有图形对象到指定位置，开启"复制"命令的方法有以下4种。

（1）下拉菜单：选择【修改】中的【复制】，如图2-14（a）所示。

（2）工具栏：在【修改】工具栏中单击【复制】，如图2-14（b）所示。

（3）命令：在命令栏中输入"COPY"（或缩写CO）命令。

（4）快捷键：按组合键Ctrl+C/V。

(a) 选择【修改】中的【复制】

(b) 在【修改】工具栏中单击【复制】

图2-14 "复制"命令执行方式

选中已有图形，执行"复制"命令，指定已有图形复制移动的基点，再指定复制移动的第二点，即可完成图形复制操作。当"正交"模式开启时，复制图形的位置只能在基点的水平或垂直方向，如图2-15所示。若"正交"模式关闭，则复制图形的位置可以在绘图区任意位置。

**命令提示：**

| 命令:COPY | //执行"复制"命令 |
| --- | --- |
| COPY 找到 1 个 | |
| 当前设置:复制模式 = 多个 | //复制模式:多个 |

| 指定基点或 [位移(D)/模式(O)] <位移>: | //指定基点 |
| 指定第二个点或 [阵列(A)] <使用第一个点作为位移>: | //指定要复制的位置 |
| 指定第二个点或 [阵列(A)/退出(E)/放弃(U)] <退出>:*取消* | |

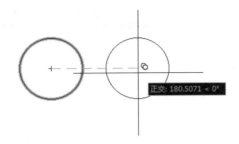

图 2-15　图形的复制

### 3. 偏移图形

偏移与复制相似，不同的是偏移要输入新旧两个图形的偏移值，也就是两个图形的具体距离。偏移对象命名可以是直线、圆弧、圆、椭圆、椭圆弧、二维多段线、构造线、射线和样条曲线等。启动"偏移"命令有以下 3 种方法。

（1）下拉菜单：选择【修改】中的【偏移】，如图 2-16 所示。

（2）工具栏：在【修改】工具栏中单击【偏移】。

（3）命令：在命令栏中输入"OFFSET"（或缩写 O）命令。

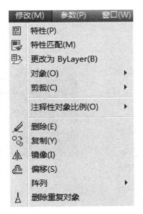

图 2-16　选择【修改】中的【偏移】

选中要偏移的图形，执行"偏移"命令，指定偏移距离后，选择要偏移的方向，即可完成图形偏移操作，如图 2-17 所示。

**命令提示：**

| 命令:OFFSET | //执行"偏移"命令 |
| 当前设置:删除源=否　图层=源　OFFSETGAPTYPE=0 | |
| 指定偏移距离或 [通过(T)/删除(E)/图层(L)] <100.0000>: | //指定偏移距离 |

指定要偏移的那一侧上的点，或 [退出(E)/多个(M)/放弃(U)] <退出>：　　　//指定偏移方向

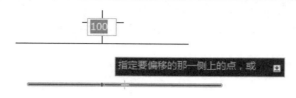

图 2-17　图形的偏移

### 4. 镜像图形

镜像就是像照镜子一样地将已有图形左右颠倒地映射到另一边。简单地说，镜像是一种以某一图形为基准的对称复制。启动"镜像"命令的方法有以下 3 种。

（1）下拉菜单：选择【修改】菜单中的【镜像】，如图 2-18（a）所示。

（2）工具栏：在【修改】工具栏中单击【镜像】，如图 2-18（b）所示。

（3）命令：在命令栏中输入"MIRROR"（或缩写 MI）命令。

（a）选择【修改】菜单中的【镜像】

（b）在【修改】工具栏中单击【镜像】

图 2-18　"镜像"命令开启方式

选中要镜像的图形，执行"镜像"命令，选择镜像线的第一点和第二点，选择是否删除源对象，即可完成图形镜像操作，如图 2-19 所示。

**命令提示：**

| | |
|---|---|
| 命令:MIRROR | //执行"镜像"命令 |
| MIRROR 找到 1 个 | |
| 指定镜像线的第一点： | //指定镜像线的第一点 |
| 指定镜像线的第二点： | //指定镜像线的第二点 |
| 要删除源对象吗?[是(Y)/否(N)] <否>： | //指定是否删除源图形对象 |

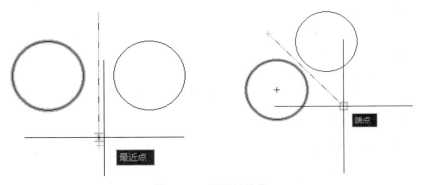

图 2−19　图形的镜像

## 2.2.3　道岔的绘制

### 1. 单开道岔

单开道岔是最常见、最简单的线路连接设备。在铁路站场图中，单开道岔用线路中心线表示法来表示，如图 2−20 所示。

图 2−20　单开道岔平面示意图

**绘制步骤：**

（1）开启"正交"模式，绘制一条长度为 200 mm 的直线。

**命令提示：**

```
命令:line
指定第一个点:
指定下一点或 [放弃(U)]:<正交 开> 200
指定下一点或 [放弃(U)]:
```

（2）开启"对象捕捉"功能，在直线中点处分别垂直向上和向下绘制两条长度为 8 mm 的直线，如图 2−21 所示。

**命令提示：**

```
命令:line
指定第一个点:
指定下一点或 [放弃(U)]:8
指定下一点或 [放弃(U)]:
```

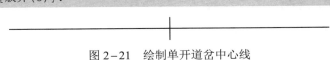

图 2−21　绘制单开道岔中心线

（3）在直线中点处向右下方绘制一条长度为100，与主线夹角为10°的直线，如图2-22所示。

**命令提示：**

命令:line
指定第一个点:
指定下一点或 [放弃(U)]:<正交 关> 10
指定下一点或 [放弃(U)]:

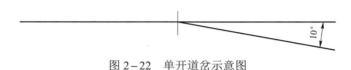

图 2-22 单开道岔示意图

### 2. 对称道岔

对称道岔由主线向两侧分为两条线路，道岔各部位均按辙叉角平分线对称排列，两条连接线路的曲线半径相同，无直向和侧向之分且两条侧线的运行条件相同。在铁路站场图中，对称道岔用线路中心线表示法来表示，如图2-23所示。

图 2-23 对称道岔示意图

**绘制步骤：**

（1）开启"正交"模式，绘制一条长度为100 mm 的直线。

**命令提示：**

命令:line
指定第一个点:
指定下一点或 [放弃(U)]:<正交 开> 100
指定下一点或 [放弃(U)]:

（2）以直线右侧端点为起点，分别垂直向上、向下绘制两条长度为 8 mm 的直线，如图2-24 所示。

**命令提示：**

命令:line
指定第一个点:
指定下一点或 [放弃(U)]:8
指定下一点或 [放弃(U)]:

图 2–24　绘制对称道岔中心线

（3）新建图层，将线型设置为"ACAD_ISO02W100"类型，并将该图层设置为当前图层，如图 2–25 所示。

图 2–25　新建图层

（4）以三线的交点为起点，绘制一条长度为 100 mm 的直线，如图 2–26 所示。

**命令提示：**

命令:line
指定第一个点:
指定下一点或 [放弃(U)]:100
指定下一点或 [放弃(U)]:

图 2–26　绘制辙叉角平分线

（5）将默认图层设置为当前图层，关闭"正交"模式，以图形中心点为起点，绘制一条长度为 100 mm 的直线，与辙叉角中心线的夹角度数为 10°，如图 2–27 所示。

**命令提示：**

命令:line
指定第一个点:
指定下一点或 [放弃(U)]:10
指定下一点或 [放弃(U)]:

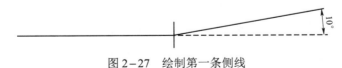

图 2–27　绘制第一条侧线

（6）以第一条侧线为源对象，辙叉角平分线为镜像线，镜像得到第二条侧线，并保留源对象，如图 2–28 所示。

命令提示：

命令:MIRROR

选择对象:找到 1 个

选择对象:指定镜像线的第一点:

指定镜像线的第二点:

要删除源对象吗?[是(Y)/否(N)] <否>:N

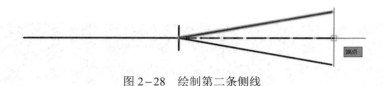

图 2-28　绘制第二条侧线

### 3. 三开道岔

三开道岔是道岔的一种，主要在编组站铺设。三开道岔是将一个道岔纳入另一个道岔内构成的一种特殊道岔型式，通过一组道岔可以实现分别开通 3 个不同方向线路，如图 2-29 所示。

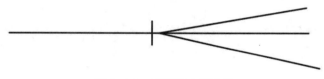

图 2-29　三开道岔示意图

**绘制步骤：**

（1）开启"正交"模式，绘制一条长度为 200 mm 的直线。

命令提示：

命令:line

指定第一个点:

指定下一点或 [放弃(U)]:<正交 开> 200

指定下一点或 [放弃(U)]:

（2）开启"对象捕捉"功能，在直线中点处分别垂直向上和向下绘制 2 条长度为 8 mm 的直线，如图 2-30 所示。

命令提示：

命令:line

指定第一个点:

指定下一点或 [放弃(U)]:8

指定下一点或 [放弃(U)]:

图2-30　绘制三开道岔中心线

（3）以图形中心点为起点，绘制一条长度为 100 mm 的直线，与辙叉角中心线的夹角度数为 10°，如图 2-31 所示。

**命令提示：**

命令:line
指定第一个点:
指定下一点或 [放弃(U)]:10
指定下一点或 [放弃(U)]:

图2-31　绘制第一条侧线

（4）以图形中心点为起点，绘制一条长度为 110 mm 的直线，与辙叉角中心线的夹角度数为 13°，如图 2-32 所示。

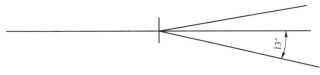

图2-32　绘制第二条侧线

**命令提示：**

命令:line
指定第一个点:
指定下一点或 [放弃(U)]:13
指定下一点或 [放弃(U)]:

（5）分别将图形中两条中心线向右偏移 5 mm，并删除源对象，如图 2-33 所示。

图2-33　偏移中心线

**命令提示：**

命令:OFFSET
当前设置:删除源=是　图层=源　OFFSETGAPTYPE=0

指定偏移距离或 [通过(T)/删除(E)/图层(L)] <通过>:5

指定要偏移的那一侧上的点,或 [退出(E)/多个(M)/放弃(U)] <退出>:

选择要偏移的对象,或 [退出(E)/放弃(U)] <退出>:

## 【任务小结】

本任务通过学习铁路站场图中道岔的绘制,掌握 AutoCAD 2018 绘图辅助工具的操作方法(包括对象捕捉、复制图形、偏移图形和镜像图形等辅助工具的使用方法)。

## 【任务实训】

按要求绘制以下交叉道岔平面示意图(见图2-34)。

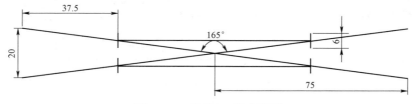

图2-34 任务2.2的实训图

# 任务2.3 铁路线与行车方向的绘制

## 2.3.1 知识概要

铁路线是为进行铁路运输所修建的固定路线，是铁路固定基础设施的主体。在铁路站场图中，铁路线用具有宽度的线条来表示，如图2-35所示。

铁路的行车方向分为上行和下行，上下行是以北京为中心，列车开往北京方向为上行，驶离北京方向为下行。在铁路站场图中需要指明线路中列车的行进方向，其表示方式如图2-36所示。

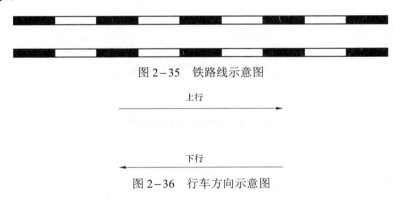

图2-35 铁路线示意图

图2-36 行车方向示意图

## 2.3.2 知识准备

### 1. 多段线

多段线是由等宽或不等宽的直线或圆弧等多条线段构成的特殊线段，所构成的图形是一个整体，可对其整体进行编辑。启动"多段线"命令有以下两种方法，如图2-37所示。

（1）工具栏：在【绘图】工具栏中单击【多段线】。

（2）命令：在命令栏中输入"pline"（或缩写PL）命令。

图2-37 "多段线"命令执行方式

执行"多段线"命令，指定起点，指定线宽、线条样式和下一点位置，即可绘制多段线。在绘制多段线时，可分多段进行绘制，每段的样式和宽度可以不相同，得到的是一个完整的图形对象，如图2-38所示。

① 圆弧（A）：以圆弧的方式绘制多段线。

② 半宽（H）：按照指定的半宽值绘制多段线。

③ 长度（L）：指定下一条多段线的长度，并按照线段方向绘制一条多段线；若上一段是圆弧，则下一条将绘制与此圆弧相切的线段。

④ 放弃（U）：取消上一次绘制的一段多段线。

⑤ 宽度（W）：通过指定的宽度值绘制多段线。

**命令提示：**

命令:pline    //执行"多段线"

指定起点://指定多段线起点

当前线宽为    //指定线宽

指定下一个点或 [圆弧(A)/半宽(H)/长度(L)/放弃(U)/宽度(W)]://指定下一个点的位置和线段样式

指定下一点或 [圆弧(A)/闭合(C)/半宽(H)/长度(L)/放弃(U)/宽度(W)]:

图 2-38　多段线样式

### 2. 阵列图形

阵列可以将图形对象按一定的规则复制多个并进行阵列排列。阵列后可以对其中的一个或几个图形对象分别进行编辑而不影响其他对象。在 AutoCAD 2018 中常用的阵列形式有矩形阵列、环形阵列和路径阵列 3 种。

1）矩形阵列

矩形阵列是按多行和多列的形式进行复制，通过指定行数、列数，以及行列间距进行的一种多重复制。启动"矩形阵列"命令有以下 3 种方法，如图 2-39 所示。

（1）下拉菜单：选择【修改】中的【阵列】|【矩形阵列】，如图 2-39（a）所示。

（2）工具栏：在【修改】工具栏中单击【阵列】|【矩形阵列】，如图 2-39（b）所示。

（3）命令：在命令栏中输入"arrayrect"命令。

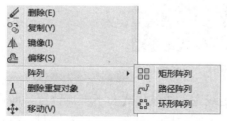

(a) 选择【修改】中的【阵列】|【矩形阵列】　　(b) 在【修改】工具栏中单击【阵列】|【矩形阵列】

图 2-39　"矩形阵列"命令执行方式

执行"矩形阵列"命令，选择被阵列的图形对象，在【阵列创建】中，如图 2-40 所示，设置创建阵列的属性，即可完成阵列复制。矩形阵列复制如图 2-41 所示。

图 2-40　矩形阵列创建菜单栏

① "类型"区域：指明当前执行的阵列类型。
② "列"区域：指定阵列复制列的数量和间距。
③ "行"区域：指定阵列复制行的数量和间距。
④ "层级"区域：指定阵列层级的数量和间距。
⑤ "特性"区域：用于控制是否创建关联对象和重新定义阵列的基点。

**命令提示：**

命令:arrayrect　　　　　　　　　　　//执行"矩形阵列"命令
选择对象:找到 1 个
选择对象://选择阵列对象
类型 = 矩形　关联 = 是
选择夹点以编辑阵列或 [关联(AS)/基点(B)/计数(COU)/间距(S)/列数(COL)/行数(R)/层数(L)/退出(X)] <退出>:　　　　　//指定阵列属性

图 2-41　矩形阵列复制

2）环形阵列

环形阵列是指按照指定的中心，将图形对象以此中心为基准进行环形的等距复制。启动"环形阵列"命令有以下 3 种方法。

（1）下拉菜单：选择【修改】中的【阵列】|【环形阵列】，如图 2-42（a）所示。
（2）工具栏：在【修改】工具栏中单击【阵列】|【环形阵列】，如图 2-42（b）所示。
（3）命令：在命令栏中输入"arraypolar"命令。

执行"环形阵列"命令，选择被阵列的图形对象，在【阵列创建】中，如图 2-43 所示，设置创建阵列的属性，即可完成阵列复制。环形阵列复制如图 2-44 所示。

● "类型"区域：指明当前执行的阵列类型。
● "项目"区域：指定阵列复制项目的数量和间距。

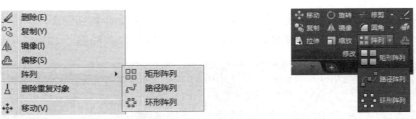

(a) 选择【修改】中的【阵列】|【环形阵列】　　　　(b) 在【修改】工具栏中单击【阵列】|【环形阵列】

图 2-42　"环形阵列"命令执行方式

图 2-43　环形阵列创建菜单栏

- "行"区域：指定阵列复制行的数量和间距。
- "层级"区域：指定阵列层级的数量和间距。
- "特性"区域：用于控制是否创建关联对象、重新定义阵列的基点和夹点位置、阵列的旋转项及阵列方向。

**命令提示：**

```
命令:arraypolar                                    //执行"环形阵列"命令
选择对象:找到 1 个
选择对象:                                          //选择阵列对象
类型 = 极轴   关联 = 是
指定阵列的中心点或 [基点(B)/旋转轴(A)]:            //指定阵列的中心点
选择夹点以编辑阵列或 [关联(AS)/基点(B)/项目(I)/项目间角度(A)/填充角度(F)/行(ROW)/
层(L)/旋转项目(ROT)]/退                            //指定阵列属性
```

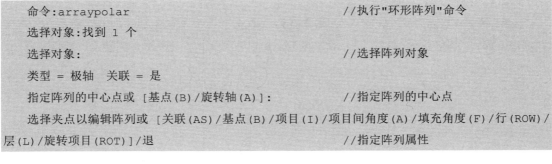

图 2-44　环形阵列复制

3）路径阵列

路径阵列是指按照指定直线或曲线路径，将图形对象按照此路径进行等距复制。启动"路径阵列"命令有以下 3 种方法，如图 2-45 所示。

（1）下拉菜单：选择【修改】中的【阵列】|【路径阵列】，如图 2-45（a）所示。

（2）工具栏：在【修改】工具栏中单击【阵列】|【路径阵列】，如图 2-45（b）所示。

（3）命令：在命令栏中输入"arraypath"命令。

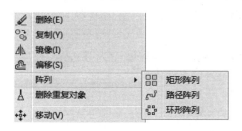

(a) 选择【修改】中的【阵列】|【路径阵列】　　　(b) 在【修改】工具栏中单击【阵列】|【路径阵列】

图 2-45　"路径阵列"命令执行方式

执行"路径阵列"命令，选择被阵列的图形对象并指定阵列复制的路径，在【阵列创建】中，如图 2-46 所示，设置创建阵列的属性，即可完成阵列复制。路径阵列复制如图 2-47 所示。

图 2-46　路径阵列创建菜单栏

①"类型"区域：指明当前执行的阵列类型。
②"项目"区域：指定阵列复制项目的数量和间距。
③"行"区域：指定阵列复制行的数量和间距。
④"层级"区域：指定阵列层级的数量和间距。
⑤"特性"区域：用于重新定义基点，指定等分方式、对齐项目和方向。
⑥"选项"区域：用于激活编辑状态、替换图形对象和重置矩阵。

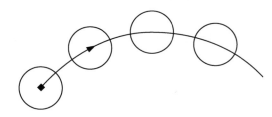

图 2-47　路径阵列复制

## 2.3.3　铁路线与行车方向的绘制

### 1. 行车方向的绘制

在铁路站场图中，行车方向用直线和箭头来表示，如图 2-48 所示。

图 2-48　用直线和箭头表示行车方向

**绘制步骤:**

(1) 开启"正交"模式,执行"多段线"命令,绘制一条长度为 15 mm,宽度为 0 mm 的多段线。

(2) 继续绘制多段线,设置起点宽度为 1.5 mm,端点宽度为 0 mm,长度为 4 mm,如图 2-49 所示。

**命令提示:**

```
命令:<正交 开>
命令:pline
指定起点:
当前线宽为 0.0000
指定下一点或 [圆弧(A)/半宽(H)/长度(L)/放弃(U)/宽度(W)]:15
指定下一点或 [圆弧(A)/闭合(C)/半宽(H)/长度(L)/放弃(U)/宽度(W)]:w
指定起点宽度 <0.0000>:1.5
指定端点宽度 <1.5000>:0
指定下一点或 [圆弧(A)/闭合(C)/半宽(H)/长度(L)/放弃(U)/宽度(W)]:4
指定下一点或 [圆弧(A)/闭合(C)/半宽(H)/长度(L)/放弃(U)/宽度(W)]:
```

图 2-49　行车方向线示意图

### 2. 铁路线的绘制

在平面图中,铁路线用黑、白间隔的矩形来表示,如图 2-50 所示。

图 2-50　用黑、白间隔的矩形表示铁路线

**绘制步骤:**

(1) 开启"正交"模式,执行"多段线"命令,绘制一条起点和端点宽度为 2 mm,长度为 10 mm 的多段线,如图 2-51 所示。

**命令提示:**

```
命令:pline
指定起点:
当前线宽为
指定下一点或 [圆弧(A)/半宽(H)/长度(L)/放弃(U)/宽度(W)]:w
指定起点宽度 <2.0000>:2
```

指定端点宽度 <2.0000>:2

指定下一点或 [圆弧(A)/半宽(H)/长度(L)/放弃(U)/宽度(W)]:10

指定下一点或 [圆弧(A)/闭合(C)/半宽(H)/长度(L)/放弃(U)/宽度(W)]:

图 2-51　绘制多段线

（2）选中多段线，执行"矩形阵列"命令，设置阵列属性：列数为 5，列间距为 20；行数为 2，行间距为 6，如图 2-52 所示。

**命令提示：**

命令:arrayrect 找到 1 个

类型 = 矩形　关联 = 是

选择夹点以编辑阵列或 [关联(AS)/基点(B)/计数(COU)/间距(S)/列数(COL)/行数(R)/层数(L)/退出(X)] <退出>:col

输入列数或 [表达式(E)] <4>:5

指定列数之间的距离或 [总计(T)/表达式(E)] <15>:20

选择夹点以编辑阵列或 [关联(AS)/基点(B)/计数(COU)/间距(S)/列数(COL)/行数(R)/层数(L)/退出(X)] <退出>:r

输入行数或 [表达式(E)] <3>:2

指定行数之间的距离或 [总计(T)/表达式(E)] <1>:6

图 2-52　选中多段线进行阵列操作

（3）执行"直线"命令将多段线连接起来，如图 2-53 所示。

图 2-53　绘制直线

**【任务小结】**

在本任务中，我们通过学习铁路站场图中铁路线和行车方向线的绘制技能，掌握了 AutoCAD 2018 多段线的绘制方法和阵列图形的操作方法。

**【任务实训】**

按要求绘制铁路行车线，如图 2-54 所示。

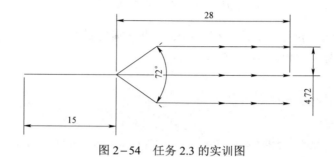

图 2-54　任务 2.3 的实训图

## 身边榜样

白芝勇，男，1978 年生，汉族，中共党员，中铁一局集团第五工程有限公司高级技师。他曾荣获全国十大特别关注"最美青工""全国最美职工""全国知识型员工""中央企业青年岗位能手"、陕西省"劳动模范"、陕西省首届"雷锋式职工"、陕西省"首席技师"、陕西省"杰出能工巧匠"、陕西省"优秀高技能人才"、陕西省"技术能手"、陕西省"技术状元"等三十余项省部级以上荣誉称号。白芝勇于 2012 年享受国务院政府特殊津贴，2015 年获评全国劳模，2017 年当选为党的十九大代表，2018 年获得"全国岗位学雷锋标兵"称号。

白芝勇心怀梦想，甘于奉献，先后参与了 50 多条国家重点铁路、公路和各种基础设施建设的线路复测、工程精测工作，参与完成工程测量任务约 3 500 km，其中完成高铁测量任务超过 2 500 km，占我国高铁运营里程近十分之一。他用心血和汗水凝聚成一项项精确的测绘成果，为我国高速铁路建设做出了突出贡献。

1999 年，白芝勇从兰州铁路技校毕业分配到中铁一局五公司。文化水平不高的他为了早日掌握测量仪器，每天下班后，都会把水准仪抱到办公室，利用地面、椅子、桌子形成高差，用钢卷尺将高差量出来，然后用水准仪去测。一次又一次，反复试，不断练，慢慢地，他有了手感，也对仪器有了直观的认识，最后一直练到信手拈来就能做到准确无误，把技能转换成了本能。2009 年，他在流动分散、工作生活异常艰苦的环境中完成了函授本科学习，测量工作一年 365 天有近 300 天在野外奔波。西汉高速公路是西安到汉中的交通要道，因沿途都是崇山峻岭，高速路只能像灵蛇一般，沿汉江蜿蜒前行。为了能按时完成测量任务，使工程尽早开工，刚做完阑尾手术不足十天的白芝勇就赶到西汉高速公路进行工程复测。他带伤在河道上来回奔波，还不慎掉进了河水里！晚上回到驻地，由于伤口感染，他痛得彻夜难眠，只能用白酒暂时消炎包扎，第二天他又照常起来继续工作。

在公司附近的河堤上，同事们总会发现白芝勇的身影，一有空他就练习测量，用他自己的话说，叫"找手感"，这样的手感在实际操作中非常重要。中铁一局五公司在业界以善打难、险、长、大隧道著称。施工过程中，测量队要定期对工程进行测量把控。而隧道里光线暗，掌子面现浇砼、放炮打眼等施工程序也在有条不紊地进行中，测量人员要在时间和空间都很有限的条件下高精度、高效率地完成工作，此时的手感就是效率。

除了外业的测量手感，内业计算测量数据，也有很多窍门。2004 年，白芝勇第一次参加由中铁一局举办的测量工技能大赛。他用平时自学的知识在卡西欧 4500 计算器上编程，用 32 分钟就完成原本要 60 分钟完成的计算。这结果，让在场的裁判和出题老师都不能相信，专门在总结大会上让白芝勇谈谈自己的新思路。比赛结束后，他还经常接到当时参赛人员的电话，向他请教用计算器编程的问题。也就是在这一次技能大赛中，白芝勇这个初出茅庐的测量新兵，开始崭露锋芒。

此后，从中铁一局比到中国中铁总公司，从陕西省再到全国，在各种级别的技能竞赛中，白芝勇不断锻炼自己，同时也虚心地向优秀的同行学习。2010 年，他在国家人力资源和社会保障部、国资委主办的"中央企业职工技能大赛工程测量工决赛"中获得银奖，实现了从普通工人到享受国家政府特殊津贴专家的转变。

白芝勇善于把学习成果转化为生产力，不断刻苦钻研如何进行技术改进和工艺提升，依靠高超、过硬的本领不断解决技术难题。他参加的"全球定位系统GPS在长大隧道洞外控制测量的应用"研究，利用全球定位系统GPS对台缙高速公路苍岭隧道、诸永高速公路云腾岭隧道、精伊霍铁路北天山隧道、襄渝铁路复线安康段、郑西客运专线等重点工程项目进行了控制测量。通过几个项目的实施与应用，改进后的技术大大降低了成本，提高了精度，节约了劳动时间。

他和同事们在武广客运专线浏阳河隧道开展了"竖井定向测量系统应用技术"的研究和运用，通过对竖井定向测量方案进行比选，经过反复测试，采用双投点、双定向技术，即使用普通陀螺经纬仪、铅锤仪联合定向法，成功解决了浏阳河隧道3#竖井长距离开挖正洞高精度贯通的施工测量难题，提高了横向贯通精度，节约成本40多万元，此方法被广泛应用。2010年10月，该成果获全国第三届职工优秀技术创新成果优秀奖。

常年在一线摸爬滚打，白芝勇不断研究测量仪器在空气湿度、阳光强度、粉尘含量、风力强弱等自然因素影响下的准确度和精准度。多年的历练，造就了他快速、准确的测量技能。同时，丰富的实践经验让他成为解决现场难题的高手。在精伊霍铁路北天山隧道施工中，控制测量连续两次数据不一致，这相当于人的眼睛失明，汽车没有了方向盘，这可急坏了施工单位，于是请求白芝勇团队前来增援。白芝勇带人进驻现场后，通过分析数据，对施工现场进行勘查，制订了打破常规的测量计划。他认为产生数据问题的主要原因是人为因素和环境因素的影响，建议施工方把一条边布设在距隧道边墙 1 m 左右的线路上，另一条边布设在隧道中心线上；同时，将进洞边的测量时间由原来的白天调整到晚上。经过多次反复测量，数据终于完全吻合。

白芝勇十分重视团队学习和成长。他主动把所学知识和技能传授给工友、大中专学生，还积极参与郭明义爱心团队"送知识下基层"活动，相继走进西成客专、宝兰客专、云桂铁路、合肥地铁等几十个项目部，参培人数近 1 000 多人。他把自己的学习和工作经验带到了中国兵器工业集团、杨凌职业技术学院和陕西铁路工程职业技术学院等多所院校和企业，勉励广大青年坚定理想信念，用青春梦托起中国梦。

在他的培养和带领下，杨志、寿海峰、杨明等30余名青年技术人员逐步成长为企业的技术骨干，多次代表中铁一局参加陕西省和中国中铁系统职工工程测量技能竞赛并取得优异成绩，多人被授予"陕西省工程测量技术状元""陕西省技术能手""全国青年岗位技术能手"等荣誉称号。他被大家尊称为"技能大师"。

2013年，白芝勇技能大师工作室成立，在白芝勇的带领下，工作室从制度建设、学习团队、班组管理等方面完善内部建设，积极打造"学习型、知识型、技能型、创新型"现代企业新型工作室。它发挥先进典型和高技术人才的团队作用，逐渐成为企业技术攻关的一面旗帜。几年间，他获得国家专利10项、承担科研项目2项、在省部级以上刊物上发表论文20篇、首创工艺工法10项，这些创新成果在测量生产中的广泛应用，提高了测量成果的质量和测量效率，产生了显著的经济效益和社会效益。

2016年以来，在白芝勇的带领下，工作室不断加强无人机在工程建筑领域的应用研究。通过应用研究，"无人机+BIM"实现了工程构筑物与"实际场景之间的碰撞检查"，为项目策划、场地布置、便道选线、土方测算、进度控制、变更设计等工程施工管理提供空间立体数据支持。"无人机+BIM技术应用于高铁施工管理"课题项目分别荣获"陕西省绿色建筑产业科技成果奖"和"陕西省职工科技节技术工人培训优秀课程、讲座、绝技绝活（视频）一等奖"，并成功申报了两项国家专利。

# 项目 3　铁路站场图中文字和表格绘制

本项目主要介绍使用 AutoCAD 2018 绘制和编辑文字和表格的方法，包括文字命令、表格命令的使用和文字样式、表格样式的设置方法等。通过学习，我们能够掌握铁路站场图中文字和表格的绘制和编辑方法，能够使用文字和表格工具为图纸添加图例、说明和注释等文字信息。

**知识目标：**

◆　掌握 AutoCAD 2018 文字和表格命令的使用方法。

◆　掌握 AutoCAD 2018 文字样式的设置。

◆　掌握 AutoCAD 2018 表格样式的设置。

**能力目标：**

◆　能够熟练使用 AutoCAD 2018 的文字和表格命令。

◆　能够熟练设置 AutoCAD 2018 中文字和表格的样式。

◆　能够为铁路站场图添加图例、说明和注释等文字信息。

**素质目标：**

◆　培养细致、严谨的阅图和绘图习惯。

◆　培养自主学习、思考、决策和创造的能力。

◆　提高计算机使用和操作能力。

**思政目标：**

◆　教育、引导学生深刻理解并自觉实践铁路行业的职业精神和职业规范，增强职业责任感。

◆　培养遵纪守法、爱岗敬业、诚实守信的职业品格和工匠精神。

## 学习情境导入

### 动车组的发展历程

2017 年 6 月 26 日 11 时 05 分，具有完全自主知识产权的两列中国标准动车组"复兴号"，在京沪高铁两端的北京南站和上海虹桥站双向发车成功！从"和谐号"到"复兴号"，跨越的不仅只是速度，更重要的是代表我们离中华民族伟大复兴的中国梦越来越近。代表着世界先进水平的"复兴号"动车组列车惊艳亮相，标志着中国铁路服务经济发展，助推中国复兴进入新的阶段。"复兴号"标准动车组列车高度从"和谐号"的 3 700 mm 增高到了 4 050 mm，座位间距也更宽敞，乘客们可以在"复兴号"内随意充电、连接 WiFi，还可以通过调整获得 2～3 种不同的光线环境。复兴号动车组如图 3—1 所示。

图 3—1　复兴号动车组

从"和谐号"到"复兴号"，跨越的不只是速度，更重要的是"复兴号"标准动车组的"标准"，意味着今后所有高铁列车都能连挂运营，互联互通。只要是相同速度等级的车，不管是哪个工厂出品，不管是哪个平台出品，都能连挂运营，不同速度等级的车也能相互救援。

"复兴号"标准动车组的诞生，意味着高铁从最早的"混血"发展到由内而外都是"纯中国产"的主导地位，同时标志着中国高铁成功地拥有走向世界的核心科技。以工程建造、列车控制、牵引供电、运营管理、风险防控、系统集成等为代表的中国动车组技术已达到世界先进水平，我国成为公认的世界铁路大国、高铁强国。从昔日笨重的"解放"型蒸汽机车到改良后的"东风"型内燃机车，从"和谐号"动车组到今天创造中国速度的"复兴号"中国标准动车组，记录着中国铁路的发展，更见证着中国国力的强盛和中华民族的复兴。

# 任务 3.1　文字的绘制

文字对象是 AutoCAD 2018 图形中很重要的图形元素，是各类图纸中不可缺少的组成部分。在一个完成的图样中，通常都包含一些文字注释或说明来标注图样中一些非图形信息。

## 3.1.1　创建文字样式

在 AutoCAD 2018 中，所有文字都有与之相关联的文字样式。在默认情况下，在创建文字时 AutoCAD 2018 中都会使用当前的文字样式，用户也可根据具体要求和实际情况重新设置或创建新的文字样式。文字样式包括文字的"字体""字型""高度""宽度因子""倾斜角度""反向""颠倒""垂直"等参数。

通常情况下，文字样式的设置或新建文字样式需要在【文字样式】对话框中进行，启动【文字样式】对话框有以下 3 种方法。

（1）下拉菜单：选择【格式】菜单中的【文字样式】。

（2）工具栏：在【注释】工具栏中单击【文字样式】。

（3）命令：在命令栏中输入"style"（或缩写 ST）命令。

【文字样式】对话框如图 3–2 所示。

图 3–2　【文字样式】对话框

在【文字样式】对话框中，可以修改当前文字样式的参数，也可以单击【新建】，输入样式名称，即可创建一个新的文字样式，如图 3–3 所示。

图 3–3　【新建文字样式】对话框

新建文字样式后，在【文字样式】对话框样式列表中，会出现新建的文字样式，需要在选择该样式后，通过【文字样式】对话框设置该样式的参数，如图3-4所示。

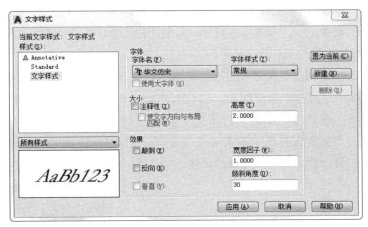

图3-4　设置文字样式

　　"字体"区域：用于设置文字样式使用的字体名和字体样式等属性。"字体名"列表中包括多种样式的字体，用户可以根据需要选择所需的字体。"字体样式"列表用于选择字体的格式，如常规、斜体、粗体、斜粗体等。"大字体"复选框用于选择大字体文件。

　　"大小"区域：用于设置文字样式使用的文字高度属性。"高度"文本框用于设置文字的高度，如果该值为0，在执行 TEXT 命令时会提示要求用户指定文字高度；若该值不为0，则按此高度标注文字，不提示指定文字高度。"注释性"复选框用于把文字定义成可注释性的对象。

　　"效果"区域：用于设置文字样式的效果。"宽度因子"文本框用于设置文字字符的高度和宽度之比，当"宽度比例"值为1时，将按系统定义的高宽比书写文字；当"宽度比例"小于1时，字符会变窄；当"宽度比例"大于1时，字符则会变宽。"倾斜角度"文本框用于设置文字的倾斜角度，角度为0°时，文字不倾斜；角度为正值时，文字向右倾斜；角度为负值时，文字向左倾斜。"颠倒"复选框用于设置是否将文字倒转书写。"反向"复选框用于设置是否将文字反向书写。"垂直"复选框用于设置是否将文字垂直书写（垂直效果对汉字字符无效）。文字效果如图3-5所示。

图3-5　文字效果

### 3.1.2 文字的创建与编辑

在 AutoCAD 2018 中创建的文字有单行文字和多行文字 2 种类型，用户可以根据绘图需要选择符合绘图要求的文字类型，并且可以对图中已经存在文字进行编辑。

#### 1. 单行文字的创建

单行文字是以行为图形单位的文字图形，也就是说单行文字每一行就是一个图形对象，行与行之间是相对独立的两个文字图形，启动创建单行文字命令有以下 3 种方法。

（1）下拉菜单：选择【绘图】中的【文字】|【单行文字】，如图 3-6（a）所示。

（2）工具栏：在文字工具栏中单击【文字】|【单行文字】，如图 3-6（b）所示。

（3）命令：在命令栏中输入"dtext"（或缩写 DT）命令。

(a) 选择【绘图】中的【文字】|【单行文字】　　　(b) 在文字工具栏中单击【文字】|【单行文字】

图 3-6　单行文字命令执行方式

执行命令后，用十字光标在绘图区指定文字的起点，指定文字高度和旋转角度等参数，在绘图区中生成【文字编辑】文本框，在该文本框中可输入文字，如图 3-7 所示。

**命令提示：**

```
命令:dtext
当前文字样式:"Standard"　文字高度:2.5000　注释性:否　对正:左
指定文字的起点 或 [对正(J)/样式(S)]:
指定高度 <2.5000>:
指定文字的旋转角度 <0>:
```

# 计算机辅助设计

图 3-7　单行文字"文字编辑"文本框

"指定文字的起点"：用户确定文字行基线的起始点位置。

"对正（J）"：用户控制文字的对正方式。文字对齐方式基准线及各基点位置如图 3-8 所示。

"样式（S）"：用于设置当前使用的文字样式，也可以选择当前图形中已定义的某种文字样式作为当前文字样式。

"指定高度"：用于设置文字的高度。如果当前文字样式的高度设置为 0，则系统将提示"指定高度："，要求用户指定文字高度；否则不显示此提示信息，而使用当前文字样式中设置的文字高度。

"指定文字旋转角度"：用于指定文字行排列方向与水平线的夹角，默认值为 0°。

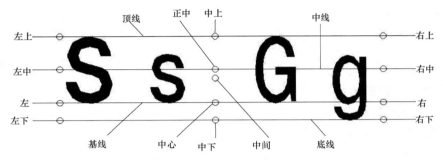

图 3-8　文字对齐方式基准线及各基点位置

### 2. 单行文字的编辑

当用户需要修改或改变已经存在单行文字的内容和样式，就需要重新对该文字对象进行编辑，启动编辑单行文字命令有以下 3 种方法。

（1）下拉菜单：选择【修改】中的【对象】|【文字】|【编辑】，如图 3-9 所示。

（2）工具栏：双击该单行文字对象。

（3）命令：在命令栏中输入"textedit"命令。

图 3-9　选择【修改】中的【对象】|【文字】|【编辑】

执行命令后，选择要编辑的单行文字对象，在"文字编辑"文本框中修改文字内容，即可完成编辑，如图 3-10 所示。

# 计算机辅助设计 计算机辅助绘图

图 3-10　编辑单行文字

**命令提示:**

命令:textedit
当前设置:编辑模式 = Multiple
选择注释对象或 [放弃(U)/模式(M)]:

### 3. 多行文字的创建

多行文字又称段落文字，是一种便于管理的文字对象。它可以由一行或一行以上的文字组成，且各行文字作为一个整体。一般情况下，多行文字用于创建较为复杂的文字说明和表格文字的表述等。启动创建多行文字命令有以下 3 种方法

（1）下拉菜单：选择【绘图】中的【文字】|【多行文字】，如图 3-11（a）所示。

（2）工具栏：在文字工具栏中单击【文字】|【多行文字】，如图 3-11（b）所示。

（3）命令：在命令栏中输入"mtext"（或缩写 MT）命令。

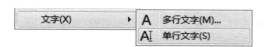 

(a) 选择【绘图】中的【文字】|【多行文字】　　　(b) 在文字工具栏中单击【文字】|【多行文字】

图 3-11　多行文字命令执行方式

执行命令后，用十字光标在绘图区指定第一角点和对角点，在绘图区中生成"文字编辑"文本框，在该文本框即可输入文字，如图 3-12 所示。

**命令提示:**

命令:mtext
当前文字样式:"Standard"　文字高度:20　注释性:否
指定第一角点:
指定对角点或 [高度(H)/对正(J)/行距(L)/旋转(R)/样式(S)/宽度(W)/栏(C)]:
命令:指定对角点或 [栏选(F)/圈围(WP)/圈交(CP)]:

"指定第一角点":用于指定多行文字文本框边界的一个角点。
"指定对角点":用于指定多行文字文本框边界的另一个角点。

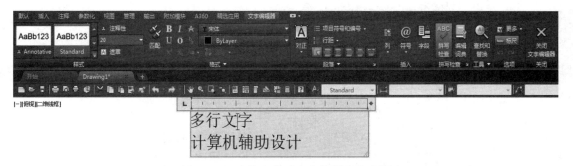

图 3-12　多行文字"文字编辑"文本框

#### 4. 多行文字的编辑

当用户需要修改或改变已经存在多行文字的内容和样式，就需要重新对该文字对象进行编辑，启动编辑多行文字命令有以下 3 种方法。

（1）下拉菜单：选择【修改】中的【对象】|【文字】|【编辑】选项。

（2）工具栏：双击该多行文字对象。

（3）命令：在命令栏中输入"textedit"命令。

执行命令后，选择要编辑的多行文字对象，在"文字编辑"文本框中修改文字内容，即可完成编辑。

#### 5. 特殊字符的输入

在绘图过程中，有时需要输入一些特殊的符号，如直径符号"$\phi$"、角度符号"°"、公差符号"±"等。这些符号都不能在键盘上直接输入，AutoCAD 2018 提供了特殊字符的控制码。在输入特殊符号时，所有控制码都用双百分号"%%"调用，然后再输入要转换特殊符号的代表字母，结束文字命令后即可切换成所需的特殊字符。常用特殊字符控制码如表 3-1 所示。

表 3-1　常用特殊字符控制码

| 控制码 | 对应特殊字符 | 控制码 | 对应特殊字符 |
| --- | --- | --- | --- |
| %%O | 上划线"－" | %%P | 正负号"±" |
| %%U | 下划线"_" | %%C | 直径"$\phi$" |
| %%D | 角度"°" | %%% | 百分号"%" |

AuotCAD 2018 中包含很多特殊字符，用户可以在【字符映射表】对话框中找到所需的特殊字符，如图 3-13 所示。在【文字】工具栏【插入】区域中单击【符号】，在列表中选择【其他...】，启动【字符映射表】对话框。

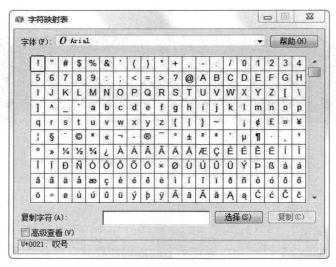

图 3-13 【字符映射表】对话框

【任务小结】

文字是图形的组成部分，也是在绘图过程中必不可少的图形元素，用于表达几何图形无法表达的内容。本任务主要介绍了文字样式的创建、设置和应用，以及单行文字、多行文字的创建和编辑等内容。

【任务实训】

按要求完成下列操作。

（1）新建名称分别为"标题"和"正文"的两个文字样式。

（2）"标题"文字样式设置：字体名为"黑体"、高度为3、宽度因子为1.5。

（3）"正文"文字样式设置：字体名为"宋体"、字体样式为"粗斜体"、宽度因子为1、倾斜角度为30。

（4）在绘图区创建单行文字，内容为"铁路线路与站场"，文字样式为"标题样式"。

（5）在绘图区创建多行文字，第一段内容为"铁路线路是机车车辆和机车运行的基础，是为了完成铁路客货运输任务和进行行车作业并保证各项作业安全而设的，由路基、轨道及桥隧建筑组成"；第二段内容为"铁路车站是铁路线上设有配线的分界点，并办理列车接发、会让、越行和客货运业务的基地"。两段内容文字样式均设为"正文"样式。

# 任务 3.2　表格的绘制

在 AutoCAD 2018 中，可以使用创建表格命令创建表格，还可以从 Microsoft Excel 中复制表格，并将其作为 AutoCAD 表格对象粘贴到图形中。此外，可以将 AutoCAD 表格数据输出，以供在 Microsoft Excel 或其他应用程序中使用。

## 3.2.1　创建表格样式

表格样式用于控制表格的外观，保证标准的字体、颜色、文本、高度和行距。用户可以使用默认的表格样式，也可根据绘图需要自定义表格样式。

通常情况下，表格样式的设置或新建表格样式需要在【表格样式】对话框中进行，如图 3-14 所示，启动【表格样式】对话框有以下 3 种方法。

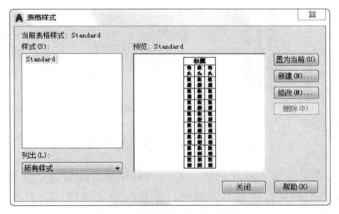

图 3-14　【表格样式】对话框

（1）下拉菜单：选择【格式】中的【表格样式】。

（2）工具栏：在【注释】工具栏中单击【表格样式】。

（3）命令：在命令栏中输入"tablestyle"命令。

在【表格样式】对话框中，可以修改当前表格样式的属性，也可以单击【新建】，输入样式名称，即可创建一个新的表格样式，如图 3-15 所示。

图 3-15　创建表格样式

对话框新建表格样式后，在【表格样式】对话框样式列表中，会出现新建的表格样式，需要在选择该样式后，通过【新建表格样式】对话框设置该样式的参数，如图3-16所示。

"起始表格"选项组：用于选择已有的表格样式作为新创建表格的基础样式。

"常规"选项组：用于设置表格中标题和表头的方向，有"向上"和"向下"2个选项，默认情况为"向上"格式，表格的标题和表头均在表格上方；如果选择"向下"格式，则标题和表头均在表格下方。

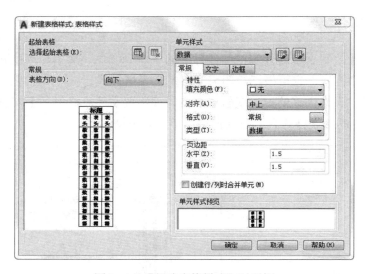

图3-16 【新建表格样式】对话框

"单元样式"选项组：用于设置标题、表头和数据单元格样式，包括表格的填充颜色、对齐方向、格式、类型和页边距等基本特性；表格中的文字样式、高度、颜色和角度等文字特性；表格中边框的线型、线宽、颜色、间距等边框特性。

### 3.2.2 表格的创建

在AuotoCAD 2018中，创建表格需要在【插入表格】对话框中进行，启动【插入表格】对话框的方法有以下3种方法。

（1）下拉菜单：选择【绘图】中的【表格】，如图3-17（a）所示。

（2）工具栏：在【注释】工具栏中单击【表格】，如图3-17（b）所示。

（3）命令：在命令栏中输入"table"命令。

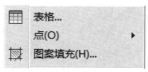

(a) 选择【绘图】中的【表格】　　　　　　(b) 在【注释】工具栏中单击【表格】

图3-17 启动【插入表格】对话框命令执行方式

执行命令后，在弹出的【插入表格】对话框中进行表格样式、插入选项、插入方式、列和行设置，以及设置单元样式等操作，如图 3-18 所示。

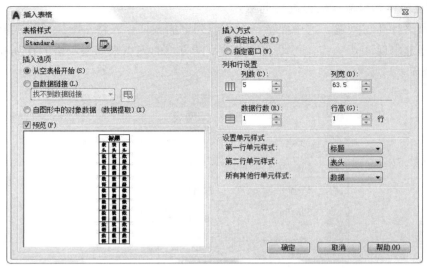

图 3-18　【插入表格】对话框

"表格样式"选项组：用于设置或修改表格的样式。

"插入方式"选项组：用于表格的定位，有"指定插入点（I）"和"指定窗口（W）"2种方式。"指定插入点"用于指定表格左上角位置，可以使用光标指定或者通过坐标定位表格的左上角点；"指定窗口"用于指定表格的大小和位置，在插入表格时，表格的列宽和行数根据窗口的大小来确定。

"列和行设置"选项组：用于指定列和行的数据及列宽与行高。

"设置单元样式"选项组：用于设置表格中第 1～3 行的样式和用途。

在【插入表格】对话框中，完成参数设置后，单击"确定"按钮，在绘图区指定表格的起始位置，即可按要求生成表格。双击表格中的单元格，单元格变成可编辑模式，即可在单元格中输入文字内容，如图 3-19 所示。

| | A | B | C | D |
|---|---|---|---|---|
| 1 | 道岔类型表 | | | |
| 2 | 类型 | 辙叉号 | 号码 | 备注 |
| 3 | 50kg/m | 1/9 | 2、22 | |
| 4 | 60kg/m | 1/12 | 7、11、13、21 | |
| 5 | 60kg/m 提速 | 1/12 | 9、15、4、6 | 固定辙叉 |
| 6 | 60kg/m 提速 | 1/12 | 1、3、17、19 | 可动心轨 |

图 3-19　表格文字编辑器

### 3.2.3　表格的编辑

**1. 调整表格和表单元的行高与列宽**

（1）调整行高与列宽。选中要调整行高或列宽的表格，表格呈断续线样式显示，在表格外侧边框上出现 4 个夹点，可以通过拖动不同方位的夹点来调整表格的行高和列宽，如图 3-20 所示。

| | A | B | C | D |
|---|---|---|---|---|
| 1 | 道岔类型表 | | | |
| 2 | 类型 | 辙叉号 | 号码 | 备注 |
| 3 | 50kg/m | 1/9 | 2、22 | |
| 4 | 60kg/m | 1/12 | 7、11、13、21 | |
| 5 | 60kg/m 提速 | 1/12 | 9、15、4、6 | 固定辙叉 |
| 6 | 60kg/m 提速 | 1/12 | 1、3、17、19 | 可动心轨 |

图 3-20　调整表格的行高与列宽

（2）调整表单元的行高与列宽。选中一个表单元，在单元格边框上出现 4 个夹点，通过拖动夹点来调整当前表单元所在的行或列的高度和宽度，如图 3-21 所示。

| | A | B | C | D |
|---|---|---|---|---|
| 1 | 道岔类型表 | | | |
| 2 | 类型 | 辙叉号 | 号码 | 备注 |
| 3 | 50kg/m | 1/9 | 2、22 | |
| 4 | 60kg/m | 1/12 | 7、11、13、21 | |
| 5 | 60kg/m 提速 | 1/12 | 9、15、4、6 | 固定辙叉 |
| 6 | 60kg/m 提速 | 1/12 | 1、3、17、19 | 可动心轨 |

图 3-21　调整表单元的高度和宽度

（3）调整表单元区域的行高与列宽，选中表单元区域，在区域边框上出现 4 个夹点，通过拖动夹点来调整当前选中区域所在的所有行或列的高度和宽度，如图 3-22 所示。

**2. 编辑表格内容**

如果要编辑表格的内容，可以双击要编辑的表单元，表单元呈可编辑状态，即可编辑表单元内容。若要删除表单元的内容，只需选中要删除内容的表单元，再按键盘上的 Delete 键。

**3. 通过"表格"工具栏编辑表格**

在选中表单元或表单元区域时，系统会自动启动"表格"工具栏，如图 3-23 所示。在"表格"工具栏中可以完成表格的插入、删除行或列、合并单元格、取消合并单元格、

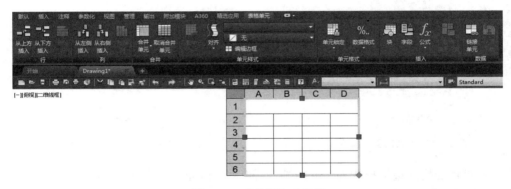

图 3-22 调整表单元区域的高度和宽度

调整单元边框等编辑操作，还可以对表格中的数据进行"求和""均值""计数"等运算操作。

图 3-23 "表格"工具栏

### 4. 通过"表格"快捷菜单编辑表格

在 AutoCAD 2018 中，还可以使用【表格】快捷菜单编辑表格。当选中整个表格时，单击鼠标右键，启动【表格】快捷菜单，如图 3-24 所示；当选中表单元或表单元区域时，单击鼠标右键，启动【表单元】快捷菜单，如图 3-25 所示。在快捷菜单中也可对表格或表单元进行编辑。

### 【任务小结】

表格是以行和列的形式简洁、清晰地表达某种信息的方式，常用于一些图形的注释、说明。用户可以基于已有的表格样式创建表格，也可通过指定表格的相关参数（如行数、列数等）将表格插入图形中，并可以对插入的表格进行修改和编辑。

### 【任务实训】

按要求完成下列操作。

（1）按图 3-26 所示表格绘制。

（2）按图中要求调整表格行和列的高度及宽度。

（3）表格中的文字字体为"仿宋"；"铁路站场平面示意图"文字高度为 6 mm，其余单元格内文字高度均为 4 mm。

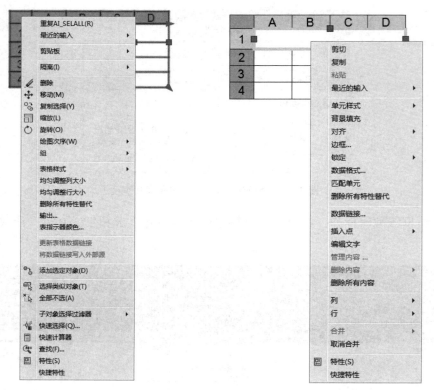

图 3-24 【表格】快捷菜单　　　　图 3-25 【表单元】快捷菜单

（4）设置表格外边框样式为"双线性"，间距为 1 mm、线型为 0.3 mm。

（5）保存图形文件，以"CAD 表格"命令。

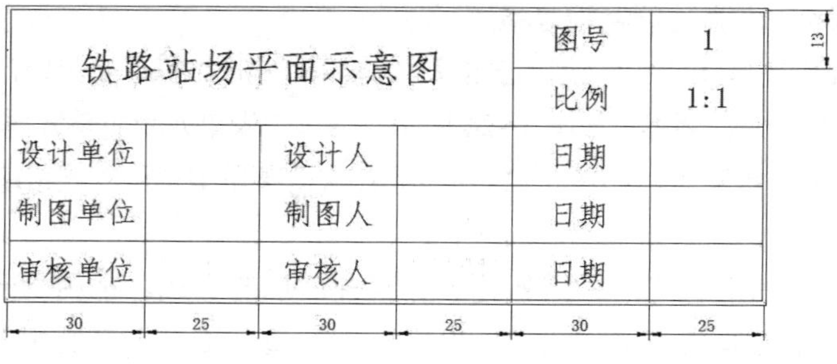

| 铁路站场平面示意图 | | 图号 | 1 |
|---|---|---|---|
| | | 比例 | 1:1 |
| 设计单位 | 设计人 | 日期 | |
| 制图单位 | 制图人 | 日期 | |
| 审核单位 | 审核人 | 日期 | |

图 3-26　任务 3.2 的实训图

## 呼和浩特铁路局焊轨段高级技师郭晋龙

郭晋龙是呼和浩特铁路局焊轨段高级技师。30 多年来，他以对党的忠诚、对铁路事业的热爱和对科技创新的不懈追求，勤奋学习、刻苦钻研，努力破解生产中的技术难题，实现了从一名普通工人到知识型党员的飞跃，在平凡的岗位上做出了不平凡的业绩，成为全路知名的焊轨技术"蓝领专家"。2011 年 1 月，郭晋龙凭借"钢轨焊缝双频正火设备及工艺"，在国家科学技术奖励大会上，获得了国家科学技术进步二等奖，成为中国铁路工人登上国家科技最高领奖台的第一人，两次受到了党和国家领导人的亲切接见。

1981 年，郭晋龙参加工作不久，就向党组织递交了入党申请书，可是只有初中文化水平的他，连一张简单的电路图都看不懂。"共产党员要在各方面成为职工学习的榜样"，党组织的嘱托深深地激励着他。从那时起，郭晋龙暗下决心，一定要练就过硬本领，做一名有知识、有技能的共产党员。他先后参加业余文化补习班，以及初、中、高级电工培训班，自学了《计算机原理》《可编程序控制器原理》《工业控制及原理》等 10 多门大学专业课程，仅自费购买学习书籍、资料和电子器件的支出费用就达 3 万多元。为了消化吸收书本上的知识，郭晋龙把自家的小屋子房改造成"电器实验室"，自费购买各种家用电器设备，对元器件反复分解、组装和操作，逐步掌握了电气维修的基本原理，练就了一身硬功夫。

20 世纪 90 年代初，焊轨段从瑞士引进了世界先进的机电一体化设备 GAAS80 型钢轨焊接机。可外国专家汉斯在调试焊接机时一打就自动停机，一连三天毫无进展，心急如焚。此时，郭晋龙凭借工作经验，敏锐地判断出故障所在。他找到汉斯，把自己对故障的分析和解决办法和盘托出……随着电钮的按下，焊接机在轰鸣声中启动了。"大个儿郭，了不起！"汉斯激动地竖起了大拇指。

30 多年里，通过自学，郭晋龙掌握了相当于大学专科的电气理论和电学知识，将自己多年积累的经验和故障排除知识整理编写成《中频电源原理与维修》和《GAAS80/钢轨焊接机维修》两本资料，送给局内外焊轨企业同行维修人员学习，帮助许多电工成为生产的中坚力量，带出了拥有精湛钢轨焊接技术的"金牌团队"。郭晋龙自学成才的先进事迹，于 2007 年编入全国中小学生美德教育读本《当代中国著名人物美德故事丛书》。

"作为一名共产党员，我的目标就是使焊接的钢轨高质量地上线，确保铁路大动脉安全畅通。"郭晋龙对钢轨焊接技术创新的执着追求，一次次激励着他攻破一个个技术难题。

2009 年末，在呼和浩特铁路局钢轨焊接基地建设中，经过对新引进的钢轨焊接机的调试，郭晋龙发现 2 处设计缺陷和 13 处故障，厂家派来的调试工程师菲利浦不屑地否定了他的改进方案，郭晋龙用自制模拟试验电路安装在故障焊机上，以事实说服了菲利浦。因已延误工期，他向上级领导提出了向外方索赔的建议，经多方调解谈判后，外方签订了 200 万元的赔偿协议。

近年来铁路多次提速，通过焊接铺设无缝线路成为适应铁路提速和重载的重要举措。正火工艺可以有效提高钢轨的耐磨度和硬度，延长钢轨的寿命，但钢轨底角温度正火不透彻的难题曾一直困扰郭晋龙。为了解决这个难题，郭晋龙进北京、奔江浙，查资料、下现场，利用焊轨车间职工放假 10 天的停机间隙进行模拟实验，并反复进行带载试验，最终形成了科学而详细的试验数据，为设备制作安装提供了第一手技术资料。如今，全国 11 个 100 米钢轨焊接企业已有8个企业的 16 条生产线和3个其他企业的生产线采用了这项成果。

郭晋龙凭借不懈努力，与工友们一道，先后对部分进口设备的零配件进行了国产化改造，开展技术革新和新工艺设计 19 项，累计为国家和企业创造直接经济效益达 1 100 万元。2010 年，郭晋龙研发的"焊轨基地焊接生产线钢轨输送连锁控制系统"成果，每年仅电费就节约近 12.91 万元。目前，已有 8 条生产线采用了这项技术，每年为国家节省 100 万元。30 多年来，郭晋龙为全国铁路 11 个焊轨单位排除急难故障，挽回因换轨、淬火设备故障停产所造成的经济损失达 200 余万元。

# 项目 4 铁路站场二维组合图形绘制

项目分析

本项目主要介绍 AutoCAD 2018 的基本绘图命令、编辑命令、图案填充和图形标注等操作技能。通过学习,我们能够掌握使用 AutoCAD 2018 绘制铁路客运设备、铁路货运设备和铁路信号灯的相关图形,以及标注图形的尺寸等技能。掌握铁路站场图中组合图形的绘制方法,将为后续绘制铁路站场图打下基础。

**知识目标:**

◆ 掌握 AutoCAD 2018 的基本绘图命令。

◆ 掌握 AutoCAD 2018 的基本编辑命令。

◆ 掌握 AutoCAD 2018 的图案填充和图形标注的方法。

**能力目标:**

◆ 能够使用 AutoCAD 2018 绘制基本图形。

◆ 能够使用 AutoCAD 2018 绘制编辑图形。

◆ 能够独立完成铁路站场图中二维组合图形的绘制。

**素质目标:**

◆ 培养细致、严谨的阅图和绘图习惯。

◆ 培养自主学习、思考、决策和创造的能力。

◆ 提高计算机使用和操作能力。

**思政目标:**

◆ 教育和引导学生深刻理解并自觉实践铁路行业的职业精神和职业规范,增强职业责任感。

◆ 培养遵纪守法、爱岗敬业、诚实守信的职业品格和工匠精神。

## 学习情境导入

### 龙岩站站场改造

　　2018 年 1 月 27 日，1 500 多名工人同时施工，历时 8 个多小时完成新老站房之间的线路转场，"中国速度"再次成为热点话题。"这次站房改造任务，限定时间是 510 min。"项目经理雷志东说，南龙Ⅱ项目部包含双洋、漳平西、雁石南、龙岩 4 个站房。南龙线建成后，原来南平到龙岩是 7.5 h，开通后缩短至 1.5 h，龙岩站及龙岩站改造现场如图 4–1、图 4–2 所示。

图 4–1　龙岩站

图 4–2　龙岩站改造现场

　　雷志东说："我们的任务是负责既有站台东侧、西侧及既有旅客通道 3 个施工点封堵施工。7 点 12 分，随着 D6383 次动车组驶入新建成的 1 号站台，标志着龙岩站站场改造工程取得阶段性胜利——Ⅰ级封锁施工结束，1、2、3 号站台改建完成，顺利完成转场任务。我为我们创造的'中国速度'而感动。"朱健是项目总工，今年 33 岁，有 8 年总工经验，在 5 个项目工作过。"实际执行任务 8 个多小时，但任务前后筹划了两个月。由于是既有线路改造，老站房还得用，又正值春运期间，如何引导客流，项目部联手相关方做了 10 个方案，最终选择南进南出方案，保证旅客安全进出。"朱健说。龙岩站每天经过 80 趟车，客流量约 53 万人次，站房每天客流量约 3 000 人次。两个多月时间，任务方案进行了 6 次论证，确保万无一失。大封锁任务前两天，各参与单位还实施了流程演练，制定了应急方案。

　　"去年 4 月 18 日我们就执行过一次小规模封锁任务，为本次站房改造积累了经验。本次任务我们分为 3 组，投入 200 人。"项目生产经理曾科说。封锁前一星期，曾科带领职工制作好了墩柱、绿网、防爬滚丝等施工部件。封锁前半天，材料运送到位。项目书记赵应强负责当天后勤，购买好牛奶、八宝粥和面包，同时准备了好多辆车。一切准备就绪后，大家等候"119 大封锁"的来临。

　　时间回放到 1 月 19 日 17:00，中铁建工上海分公司南龙Ⅱ项目部龙岩站 200 名工人集合完毕，准备出发。出发前，朱健做了技术交底，交代作业流程和步骤，强调所有人必须按照调度指令施工，封锁指令未下达前，不允许进入轨道。1 月 19 日 18:30，驻站联络员传达调度指令给现场总指挥雷志东，雷志东立即向各区执行负责人下达施工命令，雷志东第一个走进现场，工人们有序地通过检查进场，3 个大组同时施工。回忆当天的情景，项目施工员雷雪庭说，他听到最多的指令就是："做的围挡，要保证质量好，要体现中铁建工的质量。"头戴安全帽，一手拿着对讲机，一手提着手提袋，很难想象，这就是雷志东当天的形象。拿对讲机，是因为作为现场总指挥，方便沟通；提手提袋，是因为站房改造任务要保证清洁，要是检查发现垃圾，哪怕是一小片纸屑，也要随手清理带走。

施工时，朱健在旅客临时通道内模拟旅客行走，一连走了 5 个来回，同时查看边边角角是否会磕碰旅客，以确保旅客行走安全。雷志东是任务结束后最后一个走出现场的人。当天，雷志东和朱健的计步器显示走的里程超过 25 km。

# 任务 4.1　铁路客运设备的绘制

## 4.1.1　铁路客运设备概要

铁路客运设备是办理铁路旅客运输的基础条件，主要由旅客站台、旅客站房、站台间跨越设备（过道、天桥、地道等）、雨棚等设备组成。旅客站台按站房和车站到发线的相互位置分为基本站台、中间站台 2 种。靠站房一侧的为基本站台，设在线路中间的为中间站台。其作用是便于旅客上、下车及行包的装卸。旅客站房是办理售票、候车，以及行包和邮件承运、交付和保管的地方。站房位置应结合城镇规划、地形地质情况和站内作业等因素综合考虑，一般设于城镇一侧，方便居民到站乘车。

## 4.1.2　知识准备

在铁路站场图中，站台多以矩形形状表示，站房由规则的正多边形或多个矩形的组合图形来表示。在绘制图形时，需要使用 AutoCAD 2018 中的辅助工具来完成图形修剪和移动操作。

### 1. 矩形的绘制

矩形是由 4 条边组成的封闭图形，其特点是对边的长度相等且两边之间的夹角均为 90°的四边形，俗称长方形。正方形是一种特殊的矩形，其特点是每条边的长度都相等。启动"矩形"命令有以下 3 种方法。

（1）下拉菜单：选择【绘图】中的【矩形】，如图 4-3 所示。

（2）工具栏：在【绘图】工具栏中单击【矩形】。

（3）命令：在命令栏中输入"rectang"（或缩写 REC）命令。

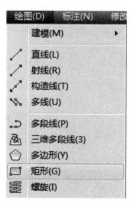

图 4-3　"矩形"命令执行方式

执行"矩形"命令，分别指定第一个角点和第二个角点，即可绘制矩形。也可根据矩形的特点，通过矩形的尺寸（D）和面积（A）2 个参数来绘制矩形。

● 尺寸（D）：通过设定矩形的长度、宽度来绘制矩形，如图 4-4 所示。

**命令提示：**

| | |
|---|---|
| 命令:REC | //执行"矩形"命令 |
| 指定第一个角点或 [倒角(C)/标高(E)/圆角(F)/厚度(T)/宽度(W)]: | //指定第一个角点 |
| 指定另一个角点或 [面积(A)/尺寸(D)/旋转(R)]:d | //选择尺寸(D)命令 |
| 指定矩形的长度 <50.0000>:50 | //指定矩形长度 |
| 指定矩形的宽度 <20.0000>:20 | //指定矩形宽度 |
| 指定另一个角点或 [面积(A)/尺寸(D)/旋转(R)]: | |

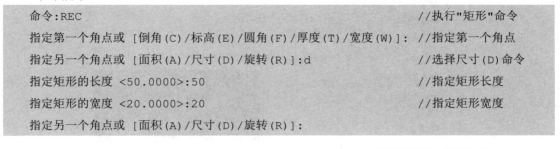

图 4-4　通过指定"尺寸（D）"来绘制矩形

● 面积（A）：通过指定矩形的面积和矩形的长度或宽度来绘制矩形，如图 4-5 所示。

**命令提示：**

| | |
|---|---|
| 命令:REC | |
| 指定第一个角点或 [倒角(C)/标高(E)/圆角(F)/厚度(T)/宽度(W)]: | |
| 指定另一个角点或 [面积(A)/尺寸(D)/旋转(R)]:a | //选择尺寸(D)命令 |
| 输入以当前单位计算的矩形面积 <1000.0000>:1000 | //指定矩形面积 |
| 计算矩形标注时依据 [长度(L)/宽度(W)] <长度>:L | //选择指定长度或宽度 |
| 输入矩形长度 <56.5242>:50 | //指定矩形长度 |

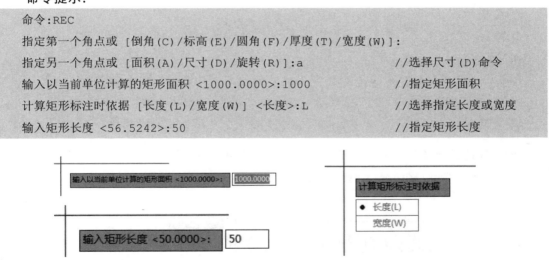

图 4-5　通过指定"面积（A）"来绘制矩形

**2. 正多边形的绘制**

正多边形是大于 3 条边的多边形，且每条边的边长相等，各边之间的夹角也相等的封闭图形。启动"正多边形"命令有以下 3 种方法。

（1）下拉菜单：选择【绘图】中的【多边形】，如图 4-6（a）所示。

（2）工具栏：在【绘图】工具栏中单击【多边形】，如图 4-6（b）所示。

（3）命令：在命令栏中输入"polygon"（或缩写 POL）命令。

(a) 选择【绘图】中的【多边形】　　　　(b) 在【绘图】工具栏中单击【多边形】

图4-6　"正多边形"命令执行方式

执行"正多边形"命令，指定侧面数量，指定圆心位置、设置输入选项"内接于圆（I）或外切于圆（C）"，指定圆的半径，即可绘制正多边形。

● 内接于圆（I）：多边形的各个顶点外接一个半径与多边形半径相等的圆，如图4-7所示。

**命令提示：**

| | |
|---|---|
| 命令:POL | //执行"正多边形"命令 |
| 输入侧面数 <6>:6 | //指定正多边形的侧面数 |
| 指定正多边形的中心点或 [边(E)]: | //指定正多边形的中心点 |
| 输入选项 [内接于圆(I)/外切于圆(C)] <I>:I | //指定输入选项(内接或外切) |
| 指定圆的半径:100 | //指定内接圆半径 |

● 外切于圆（C）：多边形的各边与同一个圆外切的外边形，如图4-8所示。

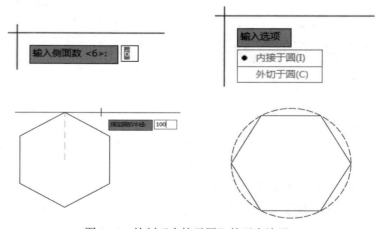

图4-7　绘制"内接于圆"的正多边形

**命令提示:**

命令:POL

POLYGON 输入侧面数 <6>:6

指定正多边形的中心点或 [边(E)]:

输入选项 [内接于圆(I)/外切于圆(C)] <I>:C

指定圆的半径:100

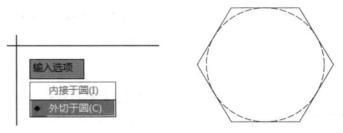

图 4-8　绘制"外切于圆"的正多边形

### 3. 修剪图形

在绘制图形过程中,为了使图形显示更标准,需要将多余的线段进行修剪,被修剪的对象可以是直线、圆、弧、多段线、样条曲线和射线等。启动"修剪"命令有以下 3 种方法。

(1)下拉菜单:选择【修改】中的【修剪】,如图 4-9(a)所示。

(2)工具栏:在【修改】工具栏中单击【修剪】,如图 4-9(b)所示。

(3)命令:在命令栏中输入"trim"(或缩写 TR)命令。

选择需要修剪的图形,执行"修剪"命令,依次选择要修剪掉的图形(即删除修剪边界外选中的对象),如图 4-10 所示。

(a) 选择【修改】中的【修剪】

(b) 在【修改】工具栏中单击【修剪】

图 4-9　"修剪"命令执行方式

**命令提示:**

命令:TR　　　　　　　　　　　　　　　　　　//执行"修剪"命令

当前设置:投影=UCS,边=无

选择对象:　　　　　　　　　　　　　　　　　//选择要进行修剪的图形

选择要修剪的对象,或按住 Shift 键选择要延伸的对象,或

[栏选(F)/窗交(C)/投影(P)/边(E)/删除(R)/放弃(U)]: //选择要删除的图形对象

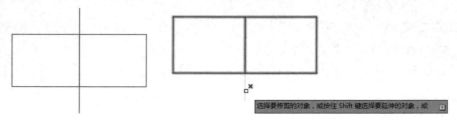

图 4-10　修剪图形

### 4. 移动图形

在绘制图形过程中,有时需要改变已有图形的位置。通过鼠标拖动的方式可以实现图形的移动,但是不够精准。在 AutoCAD 2018 中,可以通过移动命令,完成图形的精准移动。开启"移动"命令有以下 3 种方法。

(1) 下拉菜单:选择【修改】中的【移动】,如图 4-11 (a) 所示。

(2) 工具栏:在【修改】工具栏中单击【移动】,如图 4-11 (b) 所示。

(3) 命令:在命令栏中输入"move"(或缩写 M)命令。

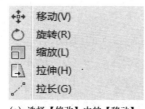

(a) 选择【修改】中的【移动】

(b) 在【修改】工具栏中单击【移动】

图 4-11　"移动"命令执行方式

执行"移动"命令,选择要移动的图形,指定基点位置和位移距离等参数,即可完成图形移动操作,如图 4-12 所示。

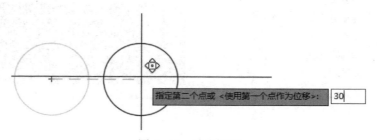

图 4-12　移动图形

**命令提示:**

| 命令:M | //执行"移动"命令 |
|---|---|
| 选择对象: | //选择图形对象 |

| 指定基点或 [位移(D)] <位移>: | //指定位移的基点 |
| 指定第二个点或 <使用第一个点作为位移>: | //指定位移距离 |

### 4.1.3　客运设备的绘制

#### 1. 站台的绘制

站台在铁路站场平面示意图中以矩形来表示，在绘制站台时需注意站台的长宽比例，如图 4-13 所示。

图 4-13　站台平面示意图

**绘制步骤：**

（1）执行"矩形"命令，指定矩形的第一个角点。

（2）选择"尺寸（D）"命令，并分别指定矩形的长度为 150 mm，宽度为 20 mm，如图 4-14 所示。

**命令提示：**

```
命令："REC"
指定第一个角点或 [倒角(C)/标高(E)/圆角(F)/厚度(T)/宽度(W)]：
指定另一个角点或 [面积(A)/尺寸(D)/旋转(R)]：d
指定矩形的长度 <150.0000>：150
指定矩形的宽度 <20.0000>：20
指定另一个角点或 [面积(A)/尺寸(D)/旋转(R)]：
```

图 4-14　绘制站台平面示意图

#### 2. 站房的绘制

站房在铁路站场平面示意图（站场图）中以规则的多边形来表示。在不同类型的站场图中，站房的样式略有不同，某种站房平面示意图如图 4-15 所示。

图 4-15　某种站房平面示意图

绘制步骤：

（1）绘制一个长度为 160 mm，宽度为 15 mm 的矩形，如图 4—16 所示。

命令提示：

命令："REC"

指定第一个角点或 [倒角(C)/标高(E)/圆角(F)/厚度(T)/宽度(W)]:

指定另一个角点或 [面积(A)/尺寸(D)/旋转(R)]:d

指定矩形的长度 <160.0000>:160

指定矩形的宽度 <15.0000>:15

指定另一个角点或 [面积(A)/尺寸(D)/旋转(R)]:

图 4—16　绘制第一个矩形

（2）以矩形的左上角点为起点，绘制一个长度为 100 mm，宽度为 20 mm 的矩形，如图 4—17 所示。

命令提示：

命令:"REC"

指定第一个角点或 [倒角(C)/标高(E)/圆角(F)/厚度(T)/宽度(W)]:

指定另一个角点或 [面积(A)/尺寸(D)/旋转(R)]:d

指定矩形的长度 <100.0000>:100

指定矩形的宽度 <20.0000>:20

指定另一个角点或 [面积(A)/尺寸(D)/旋转(R)]:

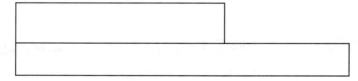

图 4—17　绘制第二个矩形

（3）将第 2 个矩形水平向右移动 30 mm，如图 4—18 所示。

命令提示：

命令:"M"

选择对象:找到 1 个

选择对象:

指定基点或 [位移(D)] <位移>:

指定第二个点或 <使用第一个点作为位移>:30

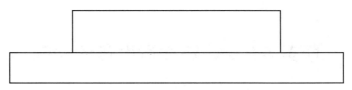

图 4-18　移动矩形

（4）修剪多余的线段，完成绘制，如图 4-15 所示。

【任务小结】

本任务通过学习铁路站场图中站台和站房的绘制，掌握使用绘制、修剪、移动等绘图辅助工具的方法。

【任务实训】

按要求绘制图 4-19 所示站房平面示意图。

单位：mm

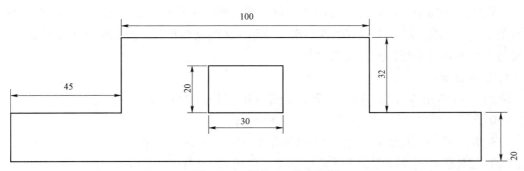

图 4-19　任务 4.1 的实训图

# 任务 4.2　铁路货运设备的绘制

## 4.2.1　铁路货运设备概要

铁路货运设备是为方便办理货物的承运、交付、装卸及保管等业务，在铁路站场中设置的设备，其主要由货物站台、仓库、堆货场组成。货物站台是为了方便货物运输而设立的站台，在货物站台上应设立雨棚或仓库，存放怕潮湿的货物。堆货场主要存放的是散堆装货物和长大笨重货物。

## 4.2.2　知识准备

在铁路站场图中，货物站台与旅客站台一样，都以矩形来表示；雨棚或仓库以其形状剖面图来表示；堆货场以不规则的四边形来表示。在绘制图形时，需要使用 AutoCAD 2018 的辅助工具来完成图形倒角和圆角操作。

### 1. 倒角图形

倒角是将两条非平行的直线或多段线做出有斜度的连接，如图 4-20 所示。开启"倒角"命令有以下 3 种方法。

（1）下拉菜单：选择【修改】中的【倒角】，如图 4-21（a）所示。

（2）工具栏：在【修改】工具栏中单击【倒角】，如图 4-21（b）所示。

（3）命令：在命令栏中输入"CHAMFER"（或缩写 CHA）命令。

图 4-20　倒角图形

（a）选择【修改】中的【倒角】

（b）在【修改】工具栏中单击【倒角】

图 4-21　"倒角"命令执行方式

执行"倒角"命令，依次设置命令类型、指定倒角参数、选择倒角对象，即可完成倒角操作。

- 多段线（P）：可对由多段线组成的图形的所有角同时进行倒角。
- 角度（A）：以指定一个角度和一段距离的方法来设置倒角的距离，如图 4-22 所示。

**命令提示:**

命令:CHA

("修剪"模式) 当前倒角距离 1 =,距离 2 =

选择第一条直线或 [放弃(U)/多段线(P)/距离(D)/角度(A)/修剪(T)/方式(E)/多个(M)]:a

指定第一条直线的倒角长度 <0.0000>:5

指定第一条直线的倒角角度 <0>:30

选择第一条直线或 [放弃(U)/多段线(P)/距离(D)/角度(A)/修剪(T)/方式(E)/多个(M)]:

选择第二条直线,或按住 Shift 键选择直线以应用角点或 [距离(D)/角度(A)/方法(M)]:

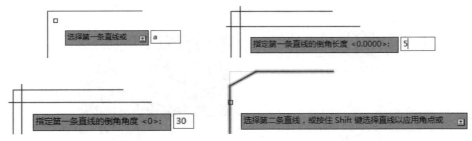

图 4-22　"角度"倒角操作

● 距离（D）：以指定两段距离的方法来设置倒角的距离，如图 4-23 所示。

**命令提示:**

命令:CHA

("修剪"模式) 当前倒角距离 1 =,距离 2 =

选择第一条直线或 [放弃(U)/多段线(P)/距离(D)/角度(A)/修剪(T)/方式(E)/多个(M)]:d

指定 第一个 倒角距离 <5.0000>:5

指定 第二个 倒角距离 <5.0000>:5

选择第一条直线或 [放弃(U)/多段线(P)/距离(D)/角度(A)/修剪(T)/方式(E)/多个(M)]:

选择第二条直线,或按住 Shift 键选择直线以应用角点或 [距离(D)/角度(A)/方法(M)]:

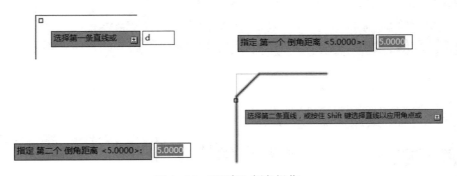

图 4-23　"距离"倒角操作

- 修剪（T）：控制倒角处理后是否删除原角的组成对象，默认为删除。
- 多个（M）：可连续对多组对象进行倒角处理，直到结束命令为止。

### 2. 圆角图形

圆角是将两条相交的直线通过一个圆弧连接起来，如图4-24所示。绘制圆角图形使用"圆角"命令。开启"圆角"命令有以下3种方法。

（1）下拉菜单：选择【修改】中的【圆角】，如图4-25（a）所示。

（2）工具栏：在【修改】工具栏中单击【圆角】，如图 4-25（b）所示。

图4-24 圆角图形

（3）命令：在命令栏中输入"fillet"（或缩写F）命令。

(a) 选择【修改】中的【圆角】　　　　(b) 在【修改】工具栏中单击【圆角】

图4-25 "圆角"命令执行方式

执行"圆角"命令，依次设置命令类型、指定圆角半径参数、选择圆角对象，即可完成圆角操作。

- 多段线（P）：可对由多段线组成的图形的所有角同时进行操作。
- 半径（R）：指定一个半径设置圆角的半径，如图4-26所示。

**命令提示：**

```
命令:F
当前设置:模式 = 修剪,半径 =
选择第一个对象或 [放弃(U)/多段线(P)/半径(R)/修剪(T)/多个(M)]:r
指定圆角半径 <10.0000>:10
选择第一个对象或 [放弃(U)/多段线(P)/半径(R)/修剪(T)/多个(M)]:
选择第二个对象,或按住 Shift 键选择对象以应用角点或 [半径(R)]:
```

图4-26 "半径"圆角操作

- 修剪（T）：控制圆角处理后是否删除原角的组成对象，默认为删除。
- 多个（M）：可连续对多组对象进行处理，直到结束命令为止。

### 4.2.3　货运设备的绘制

#### 1. 货物仓库或雨棚

在铁路站场中，应设置仓库或雨棚来存放一些怕潮湿的货物。仓库和雨棚的作用、形状相似，如图 4-27 所示。

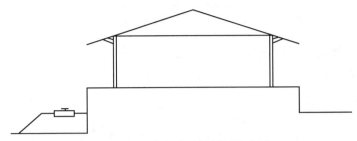

图 4-27　仓库或雨棚剖面示意图

**绘制步骤：**

（1）开启"正交"模式，使用"直线"命令绘制图形，如图 4-28 所示。

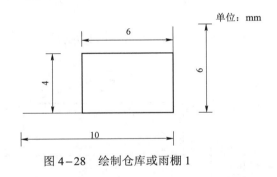

图 4-28　绘制仓库或雨棚 1

（2）关闭"正交"模式，绘制两条有夹角的直线，如图 4-29 所示。

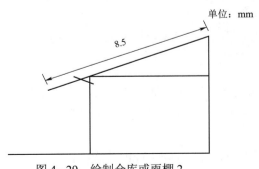

图 4-29　绘制仓库或雨棚 2

（3）使用"偏移"命令，将图中的两条线偏移 0.5 mm，并使用"修剪"命令删减多余的线段，如图 4-30 所示。

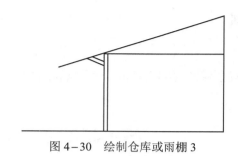

图 4-30  绘制仓库或雨棚 3

（4）选中所有图形，并以图形中左右侧的垂直直线为镜像线进行镜像操作，保留源图形，如图 4-31 所示。

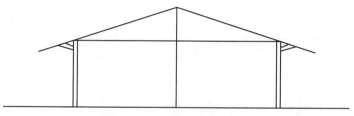

图 4-31  绘制仓库或雨棚 4

（5）绘制仓库或雨棚的地基部分，如图 4-32 所示。

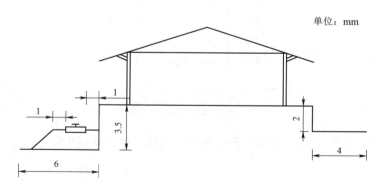

图 4-32  绘制仓库或雨棚 5

## 2. 货场

在铁路站场中，货场主要存放散堆装货物及长大笨重货物。在铁路站场平面示意图中，货场的表示形式有所不同，一般为规则或不规则的四边形，如图 4-33 所示。

**绘制步骤：**

（1）绘制一个长为 20 mm、宽为 10 mm 的矩形，使用"复制"命令，复制得到两个尺寸相同的矩形，如图 4-33 所示。

图 4-33　货场平面示意图

**命令提示：**

命令:rectang

指定第一个角点或 [倒角(C)/标高(E)/圆角(F)/厚度(T)/宽度(W)]:

指定另一个角点或 [面积(A)/尺寸(D)/旋转(R)]:d

指定矩形的长度 <0.0000>:20

指定矩形的宽度 <0.0000>:10

指定另一个角点或 [面积(A)/尺寸(D)/旋转(R)]:

命令:copy 找到 1 个

当前设置:复制模式 = 多个

指定基点或 [位移(D)/模式(O)] <位移>:

指定第二个点或 [阵列(A)] <使用第一个点作为位移>:

指定第二个点或 [阵列(A)/退出(E)/放弃(U)] <退出>:*取消*

（2）使用"倒角"命令，将第一个矩形进行倒角操作，倒角距离为 1 mm，如图 4-34 所示。

**命令提示：**

命令:CHA

("修剪"模式) 当前倒角距离 1 = 0.0000,距离 2 = 0.0000

选择第一条直线或 [放弃(U)/多段线(P)/距离(D)/角度(A)/修剪(T)/方式(E)/多个(M)]:d

指定 第一个 倒角距离 <0.0000>:1

指定 第二个 倒角距离 <1.0000>:1

选择第一条直线或 [放弃(U)/多段线(P)/距离(D)/角度(A)/修剪(T)/方式(E)/多个(M)]:

选择第二条直线,或按住 Shift 键选择直线以应用角点或 [距离(D)/角度(A)/方法(M)]:

图 4-34　"倒角"表示的货场平面示意图

（3）使用"圆角"命令，将第一个矩形进行圆角操作，半径为 1.5 mm，如图 4-35 所示。

**命令提示：**

命令:F

当前设置:模式 = 修剪,半径 = 0.0000

选择第一个对象或 [放弃(U)/多段线(P)/半径(R)/修剪(T)/多个(M)]:r

指定圆角半径 <0.0000>:1.5

选择第一个对象或 [放弃(U)/多段线(P)/半径(R)/修剪(T)/多个(M)]:

选择第二个对象,或按住 Shift 键选择对象以应用角点或 [半径(R)]:

图 4-35 "圆角"表示的货场平面示意图

（4）使用"多边形"命令，绘制一个内接于圆、半径为 8 mm 的正四边形，如图 4-36 所示。

**命令提示：**

命令:polygon 输入侧面数 <0>:4

指定正多边形的中心点或 [边(E)]:

输入选项 [内接于圆(I)/外切于圆(C)] <I>:I

指定圆的半径:8

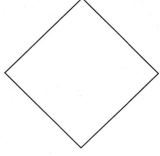

图 4-36 正四边形表示的货场平面示意图

**【任务小结】**

本任务通过对铁路站场图中货运设备的绘制，掌握使用 AutoCAD 2018 中倒角、圆角的绘制，以及熟练使用直线、矩形命令和图形修改等相关命令。

**【任务实训】**

（1）按照任务中的样式及尺寸要求，绘制"仓库或雨棚剖面示意图"。

（2）按下列要求绘制"货场平面示意图"。

① 绘制两个长为 30 mm、宽为 15 mm 的矩形。

② 对第一个矩形的 4 个夹角进行"倒角"操作，要求倒角距离为 1.5 mm。

③ 对第二个矩形的 4 个夹角进行"圆角"操作，要求圆角半径为 2 mm。

④ 绘制一个外切于圆、半径为 10 mm 的正四边形，并按菱形样式放置。

# 任务 4.3　铁路信号机的绘制

## 4.3.1　铁路信号机概要

铁路信号机是铁路上利用不同颜色和数量的灯光或不同颜色和形状的臂板位置显示指挥行车、调车命令的固定信号机，是铁路信号系统的重要组成部分之一。在铁路站场中，信号机主要有调车信号机、进站信号机、出站信号机和驼峰复示信号机等，在铁路站场平面示意图中，每种信号机都有其表现形式，如图 4-37 所示。

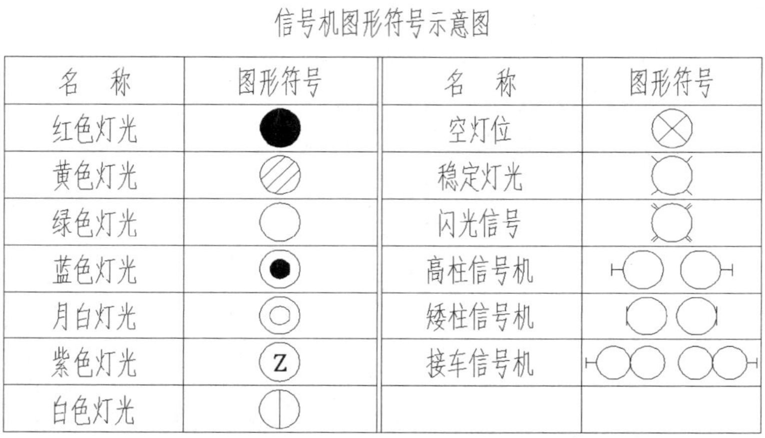

信号机图形符号示意图

| 名　　称 | 图形符号 | 名　　称 | 图形符号 |
|---|---|---|---|
| 红色灯光 | ● | 空灯位 | ⊗ |
| 黄色灯光 | ⊘ | 稳定灯光 | ⊖ |
| 绿色灯光 | ○ | 闪光信号 | ⊜ |
| 蓝色灯光 | ◉ | 高柱信号机 | ├○ ○┤ |
| 月白灯光 | ◎ | 矮柱信号机 | ○ |
| 紫色灯光 | Ⓩ | 接车信号机 | ├○○ ○○┤ |
| 白色灯光 | ⊘ | | |

图 4-37　信号机图形符号示意图

## 4.3.2　知识准备

在铁路站场图中，信号机是以空心圆形、实心圆形、直线等图形组合在一起来表示的。在绘制过程中，需要将若干图形的组合体转化为一个图形或图块，便于图形的移动、复制和插入等操作。

**1. 圆形的绘制**

圆是最常见的封闭图形，其特点是中心点到各边界的距离相等。中心点称为圆心，圆心到图形边界的距离称为半径。启动"圆"命令有以下 3 种方法。

（1）下拉菜单：选择【绘图】中的【圆】，如图 4-38（a）所示。

（2）工具栏：在【绘图】工具栏中单击【圆】，如图 4-38（b）所示。

（3）命令：在命令栏中输入"circle"（或缩写 C）命令。

执行"圆"命令，选择圆心位置或指定绘制方式，并设置其半径（R）或直径（D）的数值即可绘制一个圆形。通过图 4-38 可以看出，绘制圆形有 6 种方式。

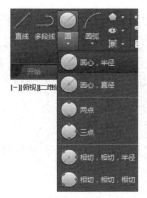

(a) 选择【绘图】中的【圆】　　　　　　　　(b) 在【绘图】工具栏中单击【圆】

图 4-38 　"圆"命令执行方式

● "圆心，半径"：通过指定圆心位置和半径大小来绘制圆，通常此方式为默认绘制方式，如图 4-39 所示。

**命令提示：**

命令:circle　　//执行"圆"命令
指定圆的圆心或 [三点(3P)/两点(2P)/切点、切点、半径(T)]://指定绘制方式及圆心
指定圆的半径或 [直径(D)] <0.0000>：　　　　　//指定圆的半径

图 4-39 　通过"圆心，半径"绘制圆形

● "圆心，直径"：通过指定圆心位置和直径大小来绘制圆，如图 4-40 所示。

**命令提示：**

命令:circle
指定圆的圆心或 [三点(3P)/两点(2P)/切点、切点、半径(T)]：
指定圆的半径或 [直径(D)] <0.0000>：_d 指定圆的直径 <0.0000>://指定圆的直径

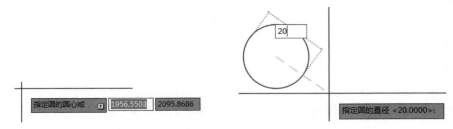

图 4-40 　通过"圆心，直径"绘制圆形

- "两点"：通过指定两个点的位置绘制圆，其两点间的距离即为圆的直径，如图 4−41 所示。

**命令提示：**

命令:circle

指定圆的圆心或 [三点(3P)/两点(2P)/切点、切点、半径(T)]:_2p 指定圆直径的第一个端点://指定第一个点

指定圆直径的第二个端点://指定第二个点

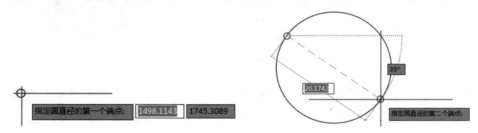

图 4−41 "两点"绘制圆

- "三点"：通过指定三个点的位置绘制圆，如图 4−42 所示。

**命令提示：**

命令:circle

指定圆的圆心或 [三点(3P)/两点(2P)/切点、切点、半径(T)]:_3p 指定圆上的第一个点:
　　　　　　　　　　//指定第一个点

指定圆上的第二个点:　　　　　//指定第二个点

指定圆上的第三个点:　　　　　//指定第三个点

图 4−42 通过"三点"绘制圆

- "相切、相切、半径"：通过与圆相切的两个对象和圆的半径绘制圆，如图 4−43 所示。

**命令提示：**

命令:circle

指定圆的圆心或 [三点(3P)/两点(2P)/切点、切点、半径(T)]:_ttr

指定对象与圆的第一个切点:　　　　　　　//指定圆与对象相切的第一个切点

| 指定对象与圆的第二个切点： | //指定圆与对象相切的第二个切点 |
| --- | --- |
| 指定圆的半径 <10.1970>:3 | //指定圆的半径 |

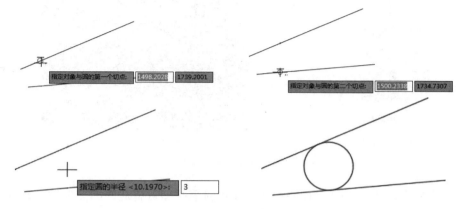

图 4-43　通过"相切、相切、半径"绘制圆

● "相切、相切、相切"：通过与圆相切的三个对象绘制圆，如图 4-44 所示。

**命令提示：**

命令:circle
指定圆的圆心或 [三点(3P)/两点(2P)/切点、切点、半径(T)]:_3p 指定圆上的第一个点:_tan 到
　　　　　　　　　　//指定圆与对象相切的第一个切点
指定圆上的第二个点:_tan 到　　//指定圆与对象相切的第二个切点
指定圆上的第三个点:_tan 到　　//指定圆与对象相切的第三个切点

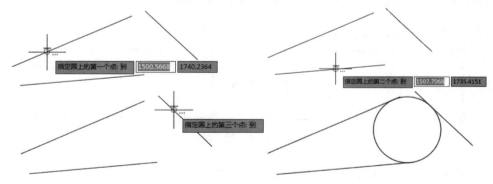

图 4-44　通过"相切、相切、相切"绘制圆

### 2. 合并、分解和打断

（1）合并：将多个图形组成的图形对象合并成一个图形对象。开启"合并"命令有以下 3 种方法。

① 下拉菜单：选择【修改】中的【合并】，如图 4-45（a）所示。

② 工具栏：在【修改】工具栏中单击【合并】，如图 4-45（b）所示。

③ 命令：在命令栏中输入"join"（或缩写 J）命令。

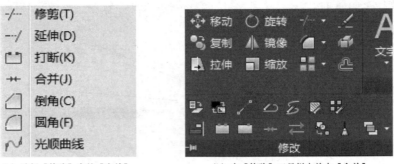

(a) 选择【修改】中的【合并】　　　　　(b) 在【修改】工具栏中单击【合并】

图 4-45　"合并"命令执行方式

执行"合并"命令，依次选择要合并的图形对象，即可将选中的图形对象合并成一个整体，如图 4-46 所示。

**命令提示：**

命令:join　　//执行"合并"命令

选择源对象或要一次合并的多个对象:找到 1 个　//选择图形对象

选择要合并的对象:找到 1 个,总计 2 个

选择要合并的对象:找到 1 个,总计 3 个

选择要合并的对象:找到 1 个,总计 4 个

选择要合并的对象:

4 个对象已转换为 1 条多段线　//完成图形合并

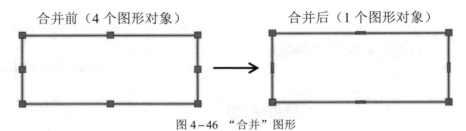

图 4-46　"合并"图形

（2）分解：将多个图形组合的图形对象分解为单独的图形元素。例如，将矩形分解成单独的多段线；将图块分解成单个独立的对象等。启动"分解"命令有以下 3 种方法。

① 下拉菜单：选择【修改】中的【分解】，如图 4-47（a）所示。

② 工具栏：在【修改】工具栏中单击【分解】，如图 4-47（b）所示。

③ 命令：在命令栏中输入"explode"（或缩写 X）命令。

执行"分解"命令，选择要分解的图形对象，即可将选中的图形对象分解成若干独立的图形元素，如图 4-48 所示。

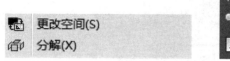

| (a) 选择【修改】中的【分解】 | (b) 在【修改】工具栏中单击【分解】 |

图4-47　"分解"命令执行方式

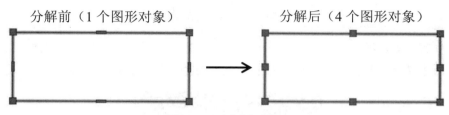

图4-48　"分解"图形

**命令提示：**

| 命令:explode　　　　　//执行"分解"命令 |
| --- |
| 选择对象:找到 1 个　//选择分解的图形对象 |
| 选择对象: |

（3）打断对象：将图形对象从某两点处断开，而两点间的独立线段会被删除。启动"打断对象"命令有以下 3 种方法。

① 下拉菜单：选择【修改】中的【打断】，如图 4-49（a）所示。

② 工具栏：在【修改】工具栏中单击【打断】，如图 4-49（b）所示。

③ 命令：在命令栏中输入"break"（或缩写 BR）命令。

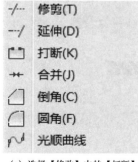

| (a) 选择【修改】中的【打断】 | (b) 在【修改】工具栏中单击【打断】 |

图4-49　"打断对象"命令执行方式

执行"打断对象"命令，选择要打断图形对象中的两个点，即可在两点处将图形对象打断，并将两点间的线段删除，如图 4-50 所示。

**命令提示：**

| 命令:break　　　　　　　　　　//执行"打断对象"命令 |
| --- |

选择对象：　　//选择对象及第一个打断点

指定第二个打断点 或 [第一点(F)]：　　　　　　//指定第二个打断点

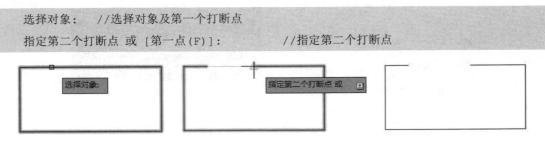

图4-50　在两点间将图形打断

（4）打断于点：将图形对象从一点处断开，使其分成两个独立的图形对象。在【修改】工具栏中单击【打断】按钮，启动"打断于点"命令，如图4-51所示。

图4-51　"打断于点"命令执行方式

执行"打断于点"命令，选择要打断图形对象中的一个点，即可在断点处将图形对象分成两个独立的图形对象，如图4-52所示。

**命令提示：**

命令:break　　　　　　　　　　　　//执行"打断于点"命令

选择对象：　　　　　　　　　　　　//选择要打断图形对象

指定第二个打断点 或 [第一点(F)]：_f　　//选择打断点的位置

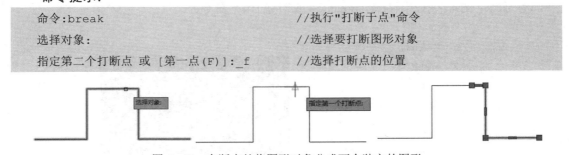

图4-52　在断点处将图形对象分成两个独立的图形

### 3. 图案填充

图案填充是指将图案填充到图形中的某个区域，利用图案来表达图形对象所表示的内容，图案填充一般用来表示颜色、材料性质或表面纹理等。图形填充需要在【图案填充创建】面板中进行，启动方法有以下3种。

① 下拉菜单：选择【绘图】中的【图案填充】，如图4-53（a）所示。

② 工具栏：在【绘图】工具栏中单击【图案填充】，如图4-53（b）所示。

③ 命令：在命令栏中输入"hatch"（或缩写H）命令。

(a) 选择【绘图】中的【图案填充】　　(b) 在【绘图】工具栏中单击【图案填充】

图 4-53　"图案填充"命令执行方式

执行"图案填充"命令后，在工具栏中显示【图案填充创建】面板，如图 4-54 所示。单击【图案填充创建】面板中【选项】区域的箭头图标，打开【图案填充和渐变色】对话框，如图 4-55 所示。

图 4-54　【图案填充创建】面板

图 4-55　【图案填充和渐变色】对话框

（1）"类型和图案"区域：用于指定图案填充的类型和图案。

① 类型：指定图案填充的类型（即预定义、用户定义或自定义）。默认类型为预定义。

② 图案：指定图案填充的图案纹样，如图 4-56 所示。

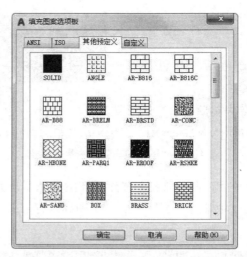

图4-56 【填充图案选项板】对话框

③ 颜色：指定填充图案的颜色。

④ 样例：显示当前设定图案的样式和颜色。

⑤ 自定义图案：显示当前可用的自定义图案，只有当"类型"设定为"自定义"时，该功能才能使用。

（2）"角度和比例"区域：用于指定填充图案的角度和比例。

① 角度：指定填充图案纹理角度。

② 双向：该功能只有"类型"设定为"用户定义"时才可以使用，用于指定填充图案的纹理使用的是一组平行线还是两组相互垂直的平行线。

③ 比例：放大或缩小预定义或自定义图案。

④ 间距：该功能只有"类型"设定为"用户定义"时才可以使用，用于指定"用户定义"图案中平行线的间距。

⑤ ISO笔宽：该功能只有"类型"设定为"预定义"时才可以使用，系统会根据所选的笔宽来确定填充图案的比例。

（3）"图案填充原点"区域：用于控制填充图案生成的起始位置。

① 使用当前原点：默认情况下，所有图案填充原点都对应于当前UCS坐标系的原点，原点设置为（0，0）。

② 指定的原点：指定新的图案填充原点。

③ 单击以设置新原点：单击该按钮，用光标指定新的图案填充原点。

④ 默认为边界范围：根据图案填充原点的值存储在系统变量hporigin中（初始值为0，0）。

（4）"边界"区域：用于指定填充的区域。

① 添加拾取点：选择要填充图案的一个或多个封闭区域中的一点，即可完成图案填充，如图4-57所示。

命令提示：

命令:hatch　　　　　　　　　　　　　　　　　　　//执行"图案填充"命令

拾取内部点或 [选择对象(S)/放弃(U)/设置(T)]：　　//选择拾取点

拾取内部点或 [选择对象(S)/放弃(U)/设置(T)]:正在选择所有对象...

正在选择所有可见对象...

正在分析所选数据...

正在分析内部孤岛...

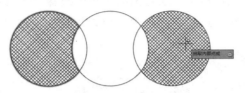

图4-57 "拾取点"填充图案

② 添加选择对象：选择要填充图案的封闭区域的边界对象，即可完成图案填充，如图4-58所示。

命令提示：

命令:hatch　　　　　　　　　　　　　　　　　　　//执行"图案填充"命令

拾取内部点或 [选择对象(S)/放弃(U)/设置(T)]:找到1个　　//选择填充对象

拾取内部点或 [选择对象(S)/放弃(U)/设置(T)]：

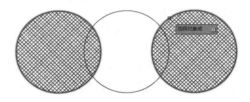

图4-58 "选择对象"填充图案

③ 删除边界：删除填充图案的边界，该功能只有在编辑填充图案时才可以使用。其功能是删除封闭区域的边界，使之成为不封闭图形，如图4-59所示。

命令提示：

命令:hatch

拾取内部点或 [选择对象(S)/放弃(U)/设置(T)]：　　//选择填充区域

正在选择所有可见对象...

正在分析所选数据...

正在分析内部孤岛...

拾取内部点或 [选择对象(S)/放弃(U)/设置(T)]：　　//选择要删除边界的图形

选择要删除的边界：

选择要删除的边界或 [放弃(U)]：

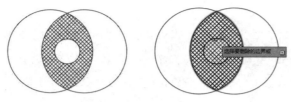

图4-59 删除小圆边界的填充效果

④ 重新创建边界：创建新的填充图案的边界，该功能只有在编辑填充图案时才可以使用。选中填充图案，单击鼠标右键，在弹出的菜单中选择"图案填充编辑..."，打开【图案填充和渐变色】对话框，在"边界"区域内，可以重新创建边界，如图4-60所示。

**命令提示：**

命令:hatchedit

输入边界对象的类型 [面域(R)/多段线(P)] <多段线>:

要重新关联图案填充与新边界吗?[是(Y)/否(N)] <N>:

(a) 选择"图案填充编辑..."　　(b) "边界"区域

图4-60 重新创建边界

⑤ 查看选择集：查看构成边界的图形对象，构成边界的图形对象呈高亮显示。

（5）"选项"区域：用于设置图案填充的部分属性参数。

① 注释性：指定图案填充为 annotative。

② 关联：设置填充图案是否与边界相关联。

③ 创建独立的填充图案：指定创建的多个不同边界的填充图案是否为独立的填充对象。

（6）"继承特性"：使用选定的图案填充对象的填充特性对指定的边界进行图案填充。

（7）"孤岛"区域：在图案填充时，通常将位于一个已定义的填充区内的封闭区域称为孤岛。在【图案填充和渐变色】对话框中，单击右下角的"三角号"图标按钮，即可显示"孤岛"区域，如图4-61所示。

孤岛显示样式用于设置孤岛的填充方式，当指定填充边界的拾取点位于多重封闭区域内部时，需要在此选择填充方式，其填充方式有普通、外部和忽略3种，如图4-62所示。

● 普通样式：从最外层的边界向内边界填充，第一层填充，第二层不填充，第三层填充，依次交替进行，直到选择边界被填充完毕为止，如图4-62（a）所示。

图 4-61　【图案填充和渐变色】对话框中的"孤岛"区域

- 外部样式：只填充从最外层边界向内第一层边界之间的区域，如图 4-62（b）所示。

- 忽略样式：忽略内边界，最外层边界内部的所有区域均被填充，如图 4-62（c）所示。

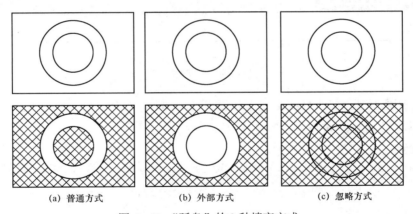

(a) 普通方式　　　　　(b) 外部方式　　　　　(c) 忽略方式

图 4-62　"孤岛"的 3 种填充方式

## 4.3.3　铁路信号机的绘制

　　铁路信号机主要有调车信号机、进站信号机、出站信号机和驼峰复示信号机等，在铁路站场平面示意图中，每种信号机都有特定的表现样式。

### 1. 进站信号机

进站信号机是指示列车进入或通过铁路车站的信号机，用于对车站进行安全防护。进站信号机应设于距车站最外方道岔尖轨尖端不少于 50 m 的位置。进站色灯信号机设置月白、黄、红、绿、黄 5 个指示灯，如图 4-63 所示。

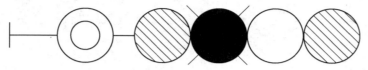

图 4-63　进站信号机平面示意图

**绘制步骤：**

（1）绘制机柱。开启"正交"模式，在绘图区中绘制一条长度为 3 mm 的垂直直线和一条 37 mm 的水平直线，如图 4-64 所示。

**命令提示：**

```
命令:line        //绘制直线
指定第一个点:
指定下一点或 [放弃(U)]:3
指定下一点或 [放弃(U)]:
命令:line
指定第一个点:
指定下一点或 [放弃(U)]:37
指定下一点或 [放弃(U)]:
```

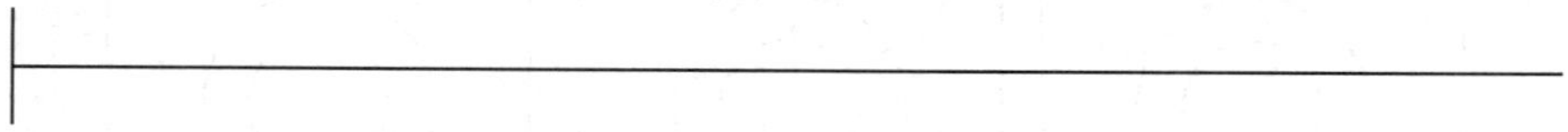

图 4-64　绘制机柱

（2）绘制同心圆。把两直线交点作为原点（0，0），以（8，0）点为圆心，分别绘制半径为 3 mm 和 1.5 mm 的同心圆，如图 4-65 所示。

**命令提示：**

```
命令:circle    //绘制同心圆
指定圆的圆心或 [三点(3P)/两点(2P)/切点、切点、半径(T)]:
指定圆的半径或 [直径(D)] <3.0000>:3
命令:circle
指定圆的圆心或 [三点(3P)/两点(2P)/切点、切点、半径(T)]:
指定圆的半径或 [直径(D)] <3.0000>:1.5
```

图 4-65　绘制月白色信号灯

（3）绘制圆形。以（16，0）点为圆心绘制半径为 3 mm 的圆，复制该图形得到相切的 4 个圆，如图 4-66 所示。

**命令提示：**

```
命令:circle    //绘制圆
指定圆的圆心或 [三点(3P)/两点(2P)/切点、切点、半径(T)]:
指定圆的半径或 [直径(D)] <3.0000>:3
命令:copy      //复制圆
选择对象:找到 1 个
选择对象:
当前设置:复制模式 = 多个
指定基点或 [位移(D)/模式(O)] <位移>:
指定第二个点或 [阵列(A)] <使用第一个点作为位移>:6
指定第二个点或 [阵列(A)/退出(E)/放弃(U)] <退出>:12
指定第二个点或 [阵列(A)/退出(E)/放弃(U)] <退出>:18
```

图 4-66　绘制 4 个圆

（4）绘制交叉线。关闭"正交"模式，以第二个圆的圆心为起点，绘制两条直线，其长度均为 4.5 mm，与水平线的夹角分别为 45° 和 135°。并以水平线为镜像线，将这两条直线进行镜像操作，保留源图形，如图 4-67 所示。

**命令提示：**

```
命令:<正交 关>
命令:line      //绘制交叉线
指定第一个点:
指定下一点或 [放弃(U)]:45
指定下一点或 [放弃(U)]:
命令:line
指定第一个点:
指定下一点或 [放弃(U)]:135
指定下一点或 [放弃(U)]:
命令:mirror 找到 2 个    //镜像交叉线
指定镜像线的第一点:
指定镜像线的第二点:
要删除源对象吗?[是(Y)/否(N)] <否>:N
```

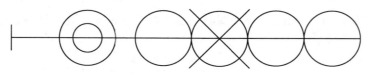

图 4-67　绘制交叉线

（5）修剪图形。按照进站信号机的图样，修剪当前图形，并删除不必要的线条，如图 4-68 所示。

**命令提示：**

命令:trim　　//修剪图形

当前设置:投影=UCS,边=无

选择剪切边...

选择要修剪的对象,或按住 Shift 键选择要延伸的对象,或

[栏选(F)/窗交(C)/投影(P)/边(E)/删除(R)/放弃(U)]:

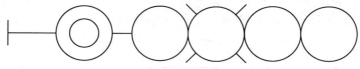

图 4-68　修剪图形

（6）图案填充。打开【图案填充和渐变色】对话框，设置填充图案的样式属性，如图 4-69 所示，并按进站信号机的图样，对图形进行填充。

图 4-69　"填充图案"样式属性设置

## 2. 出站信号机

出站信号机是指示列车能否由车站向区间发车的信号机。在车站的正线和到发线上，应装设出站信号机。在自动闭塞和半自动闭塞区段，出站信号机开放是占用区间的凭证，如图 4-70 所示。

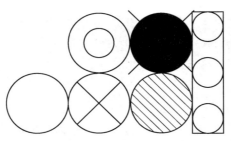

图 4-70　出站信号机平面示意图

**绘制步骤:**

（1）绘制灯柱。绘制一个长为 3 mm、宽为 12 mm 的矩形,用直线连接两组平行边的中点作为辅助线;使用"偏移"命令,将水平的辅助线分别向上、向下偏移 4.5 mm,如图 4-71 所示。分别以垂直辅助线和水平辅助线的交点为圆心,绘制 3 个半径为 1.5 mm 的圆,如图 4-72 所示。

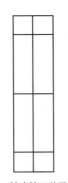
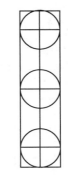

图 4-71　绘制矩形及辅助线　　　　图 4-72　绘制矩形内部的圆

**命令提示:**

```
命令:rectang　//绘制矩形
指定第一个角点或 [倒角(C)/标高(E)/圆角(F)/厚度(T)/宽度(W)]:
指定另一个角点或 [面积(A)/尺寸(D)/旋转(R)]:d
指定矩形的长度 <10.0000>:3
指定矩形的宽度 <10.0000>:12
命令:line　//绘制辅助线
指定第一个点:
指定下一点或 [放弃(U)]:
指定下一点或 [放弃(U)]:
命令:offset　//偏移辅助线
当前设置:删除源=否　图层=源　OFFSETGAPTYPE=0
指定偏移距离或 [通过(T)/删除(E)/图层(L)] <通过>:4.5
选择要偏移的对象,或 [退出(E)/放弃(U)] <退出>:
```

指定要偏移的那一侧上的点,或 [退出(E)/多个(M)/放弃(U)] <退出>:

选择要偏移的对象,或 [退出(E)/放弃(U)] <退出>:

命令:circle    //绘制矩形内部的圆

指定圆的圆心或 [三点(3P)/两点(2P)/切点、切点、半径(T)]:

指定圆的半径或 [直径(D)] <1.5000>:1.5

（2）绘制外部圆。分别以矩形中圆的边缘与矩形内辅助线的交点为起点，向左绘制长度为 4.5 mm 的直线，如图 4-73 所示。分别以两条线的左端点为圆心绘制半径为 3 mm 的圆，如图 4-74 所示。

**命令提示：**

命令:line    //绘制辅助线

指定第一个点:

指定下一点或 [放弃(U)]:4.5

指定下一点或 [放弃(U)]:

命令:circle    //绘制圆

指定圆的圆心或 [三点(3P)/两点(2P)/切点、切点、半径(T)]:

指定圆的半径或 [直径(D)] <3.0000>:3

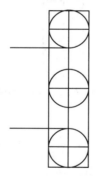

图 4-73　绘制外部辅助线

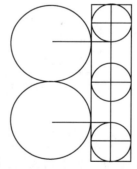

图 4-74　绘制外部圆

（3）复制圆。以外部圆的圆心为基点，以 6 mm 为位移值进行复制，第一行复制一次，第二行复制两次，如图 4-75 所示。

**命令提示：**

命令:copy

选择对象:找到 1 个

选择对象:

当前设置:复制模式 = 多个

指定基点或 [位移(D)/模式(O)] <位移>:

指定第二个点或 [阵列(A)] <使用第一个点作为位移>:6

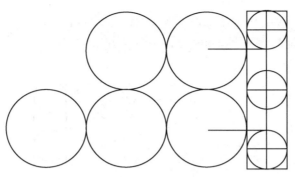

图 4-75　复制外部圆

（4）绘制交叉线。以圆心为起点，绘制长度分别为 3 mm 和 4 mm，夹角分别为 45° 和 135° 的四条直线，并垂直向下进行镜像操作，删除图形中的辅助线，如图 4-76 所示。

**命令提示：**

命令:line  //绘制夹角为 45° 的直线

指定第一个点:

指定下一点或 [放弃(U)]:45

命令:line   //绘制夹角为 135° 的直线

指定第一个点:

指定下一点或 [放弃(U)]:135

命令:mirror  //镜像交叉线

选择对象:找到 1 个,总计 2 个

选择对象:指定镜像线的第一点:

指定镜像线的第二点:

要删除源对象吗?[是(Y)/否(N)] <否>:N

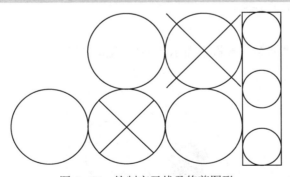

图 4-76　绘制交叉线及修剪图形

（5）绘制同心圆。按照出站信号机平面示意图样例，在指定的圆中绘制同心圆，其半径为 1.5 mm，如图 4-77 所示。

**命令提示：**

命令:circle   //绘制同心圆

指定圆的圆心或 [三点(3P)/两点(2P)/切点、切点、半径(T)]:
指定圆的半径或 [直径(D)] <3.0000>:1.5

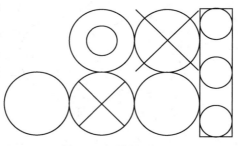

图4-77　绘制同心圆

（6）图案填充。图案填充的方法和填充图案的设置与进站信号机相同，如图4-78所示。

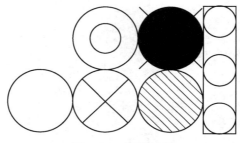

图4-78　图案填充

【任务小结】

本任务介绍了铁路站场图中信号机的绘制方法，圆的绘制和图案填充方法，以及合并、分解、打断等编辑图形的方法。

【任务实训】

（1）按要求绘制"调车信号机平面示意图"（见图4-79）。

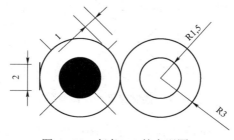

图4-79　任务4.3的实训图1

（2）按要求绘制"驼峰复示信号机平面示意图"（见图4-80）。

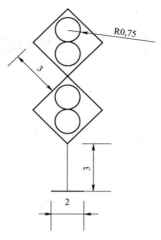

图 4-80　任务 4.3 的实训图 2

# 任务 4.4　尺寸标注

## 4.4.1　尺寸标注概要

尺寸标注是绘图设计的重要内容，尺寸标注可以反映图形的形状、大小和相对位置等信息，是图纸设计和施工的重要依据。尺寸标注包含尺寸界线、尺寸线、标注文字，以及端点符号，如图4-81所示。

（1）尺寸界线：用于标注尺寸的界线，由图样中的轮廓线、轴线或对称中心线引出。

（2）尺寸线：用于指示标注的方向和范围，通常与所标注对象平行，介于两条尺寸界线之间。

（3）标注文字：用于表示所选标注对象的具体尺寸大小，通常位于尺寸线上方或中断处，用户可以对标注文字进行修改、添加等编辑操作。

（4）端点符号：由箭头和圆心标记组成，用于指明标注对象的起始位置和标记圆或圆弧的中心点。

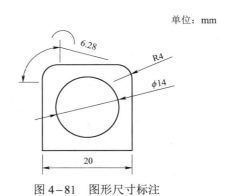

图4-81　图形尺寸标注

## 4.4.2　标注样式的创建与编辑

标注样式可以控制标注的格式和外观，如文字、端点符号的样式、大小和颜色等。用户可根据实际情况指定不同的标注样式来满足绘图需要。创建和编辑标注样式需要在【标注样式管理器】对话框中进行，如图4-82所示。启动【标注样式管理器】对话框有以下3种方法。

（1）下拉菜单：选择【格式】中的【标注样式】，如图4-83（a）所示。

（2）工具栏：在【注释】工具栏中单击【标注样式】，如图4-83（b）所示。

（3）命令：在命令栏中输入"dimstyle"（或缩写D）命令。

**1. 新建标注样式**

在【标注样式管理器】对话框中，单击【新建】，在【创建新标注样式】对话框中，指定样式名称，如图4-84所示。单击【继续】，打开【新建标注样式】对话框，如图4-85所示。

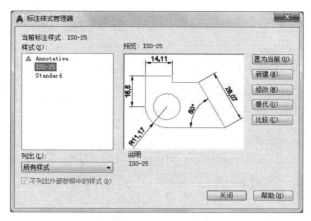

图 4-82　【标注样式管理器】对话框 1

(a) 选择【格式】中的【标注样式】

(b) 在【注释】工具栏中单击【标注样式】

图 4-83　【标注样式管理器】对话框启动方式

（1）【线】选项卡：用于尺寸线和尺寸界线的设置，如图 4-85 所示。

①"尺寸线"：指定尺寸线的颜色、线型、线宽、超出标记、基线间距，以及显示状态（隐藏）等。

图 4-84　【创建新标注样式】对话框

图 4-85　【新建标注样式】对话框

②"尺寸界线":指定尺寸界线的颜色、线型、线宽、超出尺寸线、起点偏移量、长度、以及显示状态(隐藏)等。

(2)【符号和箭头】选项卡:用于端点符号的样式,如图4-86所示。

图4-86 【符号和箭头】选项卡

① "箭头":指定尺寸线两端箭头的样式和大小。

② "圆心标记":指定圆或圆弧的圆心的标记类型和大小。

③ "折断大小":指定尺寸线或尺寸界线与其他线重叠处打断的尺寸。

④ "弧长符号":指定圆弧标注长度尺寸。

⑤ "半径折弯标注":指定标注尺寸的圆弧的中心点位于较远位置。

⑥ "线性折弯标注":指定线性折弯标注尺寸。

(3)【文字】选项卡:用于设置标注文字的外观、位置和对齐方式等属性,如图4-87所示。

图4-87 【文字】选项卡

①"文字外观"：指定尺寸文字的样式、颜色、高度等属性。

②"文字位置"：指定文字的位置和与尺寸线的偏移值。

③"文字对齐"：设置尺寸文字的对齐方式。

（4）【调整】选项卡：用于控制尺寸文字、尺寸线，以及端点符号的位置和其他特征，如图4-88所示。

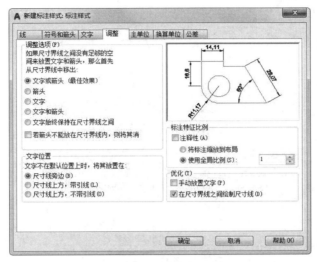

图4-88　【调整】选项卡

①"调整选项"：当尺寸界线之间没有足够的空间放置尺寸文字和箭头时，指定尺寸文字和箭头移出尺寸界线的方式。

②"文字位置"：指定尺寸文字放置的位置。

③"标注特征比例"：指定标注尺寸的缩放关系。

④"优化"：指定标注尺寸是否进行附加调整。

（5）【主单位】选项卡：用于设置主单位的格式、精度，以及尺寸文字的前、后缀等，如图4-89所示。

①"线性标注"：指定线性标注的格式和精度。

②"角度标注"：指定标注角度尺寸的单位和精度。

（6）【换算单位】选项卡：指定换算单位和格式，如图4-90所示。

①"显示换算单位"：是否显示标注尺寸的换算单位。

②"换算单位"：指定换算单位的格式和精度。

③"消零"：指定是否消除换算单位的前导和后续。

④"位置"：指定换算单位的位置。

（7）【公差】选项卡：指定是否标注公差，以何种方式进行，如图4-91所示。

①"公差格式"：指定公差的标注格式。

②"换算单位公差"：指定换算单位公差的精度、消零等。

图4-89 【主单位】选项卡

图4-90 【换算单位】选项卡

图4-91 【公差】选项卡

设置标注样式各项属性参数后，单击【确定】按钮，这时【标注样式管理器】对话框的样式显示区域中会出现所创建的标注样式，如需使用新创建的标注样式，需要将该样式设置为当前，如图 4-92 所示。

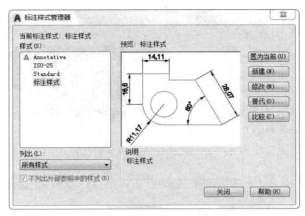

图 4-92　【标注样式管理器】对话框 2

### 2. 修改标注样式

如果需要改变已有标注样式的属性，在【标注样式管理器】对话框样式显示区中选中要改变属性的样式，单击【修改】按钮，在打开的【修改标注样式】对话框中修改相关属性，如图 4-93 所示。

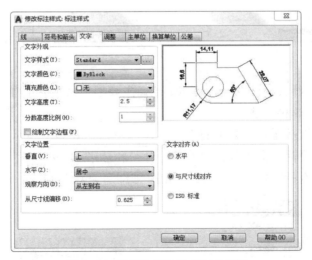

图 4-93　【修改标注样式】对话框

## 4.4.3　图形标注

（1）线性标注：用于标注水平或垂直方向上的尺寸，启动"线性标注"命令有以下 3 种方法。

① 下拉菜单：选择【标注】中的【线性】，如图4-94（a）所示。

② 工具栏：在【注释】工具栏中单击【线性】，如图4-94（b）所示。

③ 命令：在命令栏中输入"dimlinear"（或缩写DLI）命令。

(a) 选择【标注】中的【线性】　　　　(b) 在【注释】工具栏中单击【线性】

图4-94 "线性标注"命令执行方式

执行"线性标注"命令，选择标注的起始点和终止点，即可完成标注，如图4-95所示。

**命令提示：**

```
命令:dimlinear    //执行"线性标注"命令
指定第一条尺寸界线原点或 <选择对象>://指定标注端点
指定第二条尺寸界线原点://指定标注端点
指定尺寸线位置或
[多行文字(M)/文字(T)/角度(A)/水平(H)/垂直(V)/旋转(R)]://指定尺寸线位置
```

图4-95 "线性标注"

（2）对齐标注：线性标注的一种特殊形式，主要用于具有夹角直线的标注，启动"对齐标注"命令有以下3种方法。

① 下拉菜单：选择【标注】中的【对齐】，如图4-96（a）所示。

② 工具栏：在【注释】工具栏中单击【对齐】，如图4-96（b）所示。

③ 命令：在命令栏中输入"dimaligned"（或缩写DAL）命令。

(a) 选择【标注】中的【对齐】　　　　(b) 在【注释】工具栏中单击【对齐】

图4-96 "对齐标注"命令执行方式

执行"对齐标注"命令，选择标注的起始点和终止点，即可完成标注，如图4-97所示。

**命令提示：**

| | |
|---|---|
| 命令:dimaligned | //执行"对齐标注"命令 |
| 指定第一条尺寸界线原点或 <选择对象>： | //指定标注端点 |
| 指定第二条尺寸界线原点： | //指定标注端点 |
| 指定尺寸线位置或 | |
| [多行文字(M)/文字(T)/角度(A)]： | |

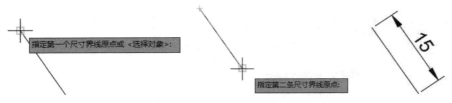

图 4-97　执行"对齐标注"命令

（3）弧长标注：用于测量圆弧或多段线圆弧段的距离，启动"弧长标注"命令有以下 3 种方法。

① 下拉菜单：选择【标注】中的【弧长】，如图 4-98（a）所示。

② 工具栏：在【注释】工具栏中单击【弧长】，如图 4-98（b）所示。

③ 命令：在命令栏中输入"dimarc"（或缩写 DAR）命令。

(a) 选择【标注】中的【弧长】　　(b) 在【注释】工具栏中单击【弧长】

图 4-98　"弧长标注"命令执行方式

执行"弧长标注"命令，选择标注的圆弧，指定标注位置，即可完成标注，如图 4-99 所示。

**命令提示：**

| | |
|---|---|
| 命令:dimarc | //执行"弧长标注"命令 |
| 选择弧线段或多段线圆弧段： | //指定标注的圆弧 |
| 指定弧长标注位置或 [多行文字(M)/文字(T)/角度(A)/部分(P)/引线(L)]： | |
| //指定标注位置 | |

（4）坐标标注：用于自动测量和标注特殊点 $X$，$Y$ 轴的坐标值，使用坐标标注命令可以保持特征点与基准点的精确偏移量。启动"坐标标注"命令有以下 3 种方法。

① 下拉菜单：选择【标注】中的【坐标】，如图 4-100（a）所示。

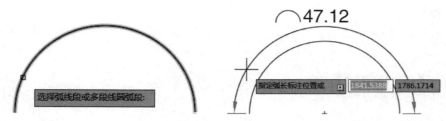

图4-99 执行"弧长标注"命令

② 工具栏：在【注释】工具栏中单击【坐标】，如图4-100（b）所示。

③ 命令：在命令栏中输入"dimordinate"（或缩写 DOR）命令。

（a）选择【标注】中的【坐标】　　　（b）在【注释】工具栏中单击【坐标】

图4-100 "坐标标注"命令执行方式

执行"坐标标注"命令，选择标注的点，指定引线端点位置（$X$轴或$Y$轴），即可完成标注，如图4-101所示。

**命令提示：**

| |
|---|
| 命令:dimordinate　　　　//执行"坐标标注"命令 |
| 指定点坐标：　　　　　　//指定点 |
| 指定引线端点或 [X 基准(X)/Y 基准(Y)/多行文字(M)/文字(T)/角度(A)]: |
| //指定引线位置 X 轴或 Y 轴 |

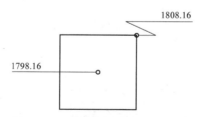

图4-101 执行"坐标标注"命令

（5）半径标注：用于标注圆或圆弧的半径大小。启动"半径标注"命令有以下 3 种方法。

① 下拉菜单：选择【标注】中的【半径】，如图4-102（a）所示。

② 工具栏：在【注释】工具栏中单击【半径】，如图4-102（b）所示。

③ 命令：在命令栏中输入"dimradius"（或缩写 DRA）命令。

 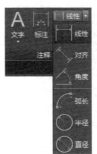

(a) 选择【标注】中的【半径】　　　(b) 在【注释】工具栏中单击【半径】

图 4−102　"半径标注"命令执行方式

执行"半径标注"命令，选择圆或圆弧，指定标注位置，即可完成标注，如图 4−103 所示。

**命令提示：**

命令:dimradius　//执行"半径标注"命令

选择圆弧或圆://选择圆或圆弧

标注文字 =

指定尺寸线位置或 [多行文字(M)/文字(T)/角度(A)]://指定标注位置

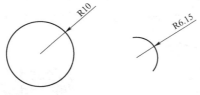

图 4−103　执行"半径标注"命令

（6）直径标注：用于标注圆或圆弧的直径大小。启动"直径标注"命令有以下 3 种方法。

① 下拉菜单：选择【标注】中的【直径】，如图 4−104（a）所示。

② 工具栏：在【注释】工具栏中单击【直径】，如图 4−104（b）所示。

③ 命令：在命令栏中输入"dimdiameter"（或缩写 DDI）命令。

执行"直径标注"命令，选择圆弧或圆，指定标注位置，即可完成标注，如图 4−105 所示。

**命令提示：**

命令:dimdiameter　//执行"直径标注"命令

选择圆弧或圆:

标注文字 =

指定尺寸线位置或 [多行文字(M)/文字(T)/角度(A)]://指定标注位置

 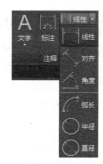

(a) 选择【标注】中的【直径】　　　(b) 在【注释】工具栏中单击【直径】

图4-104 "直径标注"命令执行方式

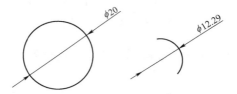

图4-105 执行"直径标注"命令

（7）角度标注：用于标注直线、多段线、圆、圆弧，以及点和被测对象之间的夹角度数。启动"角度标注"命令有以下3种方法。

① 下拉菜单：选择【标注】中的【角度】，如图4-106（a）所示。

② 工具栏：在【注释】工具栏中单击【角度】，如图4-106（b）所示。

③ 命令：在命令栏中输入"dimangular"（或缩写DAN）命令。

 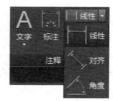

(a) 选择【标注】中的【角度】　　　(b) 在【注释】工具栏中单击【角度】

图4-106 "角度标注"命令执行方式

执行"角度标注"命令，分别选择2个图形对象，指定标注位置，即可完成标注，如图4-107所示。

**命令提示：**

```
命令:dimangular    //执行"角度标注"命令
选择圆弧、圆、直线或 <指定顶点>://选择第一个图形对象
选择第二条直线://选择第二个图形对象
指定标注弧线位置或 [多行文字(M)/文字(T)/角度(A)/象限点(Q)]:
```

//指定标注位置

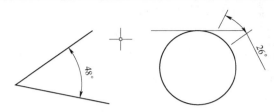

图 4-107　执行"角度标注"命令

（8）折弯标注：当图形中圆或圆弧过大，电脑屏幕无法完全显示时，可以用折弯标注来标注圆或圆弧的半径。启动"折弯标注"命令的方法有以下 3 种。

① 下拉菜单：选择【标注】中的【折弯】，如图 4-108（a）所示。

② 工具栏：在【注释】工具栏中单击【折弯】，如图 4-108（b）所示。

③ 命令：在命令栏中输入"dimjogged"命令。

（a）选择【标注】中的【折弯】　　　（b）在【注释】工具栏中单击【折弯】

图 4-108　"折弯标注"命令执行方式

执行"折弯标注"命令，分别选择 2 个图形对象，指定标注位置，即可完成标注，如图 4-109 所示。

**命令提示：**

| |
|---|
| 命令:dimjogged　　//执行"折弯标注"命令 |
| 选择圆弧或圆:　　　　//选择标注的圆弧或圆 |
| 指定图示中心位置:　　　　//指定图形中心位置 |
| 指定尺寸线位置或 [多行文字(M)/文字(T)/角度(A)]:　　//指定标注位置 |
| 指定折弯位置:　　//指定图形折弯位置 |

图 4-109　执行"折弯标注"命令

（9）基线标注：用于自同一基线处标注多个对象，即创建自相同基线测量的一系列对象标注。启动"基线标注"命令的方法有以下 2 种。

① 下拉菜单：选择【标注】中的【基线】。

② 命令：在命令栏中输入"dimbaseline"（或缩写 DBA）命令。

首先执行"线性标注"命令，标注一个基准定位标注，再执行"基线标注"命令，指定下一个标注点即可完成标注，如图 4-110 所示。

**命令提示：**

命令:dimlinear    //执行"线性标注"命令,标注基准定位标注

指定第一条尺寸界线原点或 <选择对象>:

指定第二条尺寸界线原点:

指定尺寸线位置或

[多行文字(M)/文字(T)/角度(A)/水平(H)/垂直(V)/旋转(R)]:

命令:dimbaseline    //执行"基线标注"命令

指定第二个尺寸界线原点或 [选择(S)/放弃(U)] <选择>://选择标注端点

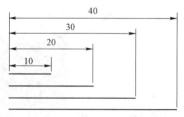

图 4-110    执行"基线标注"命令

（10）连续标注：连续标注是首尾相连的多个标注。启动"连续标注"命令的方法有以下 2 种。

① 下拉菜单：选择【标注】中的【连续】。

② 命令：在命令栏中输入"dimcontinue"（或缩写 DCO）命令。

执行"连续标注"命令，系统自动连续重复执行前一次的标注命令，如图 4-111 所示。

**命令提示：**

命令:dimcontinue

指定第二条尺寸界线原点或 [选择(S)/放弃(U)] <选择>:

指定第二条尺寸界线原点或 [选择(S)/放弃(U)] <选择>:

指定第二条尺寸界线原点或 [选择(S)/放弃(U)] <选择>:

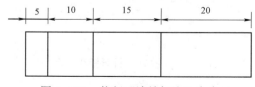

图 4-111    执行"连续标注"命令

（11）圆心标注：用于标注圆或圆弧的圆心点位置。启动"圆心标注"命令的方法有以下 2 种。

① 下拉菜单：选择【标注】中的【圆心标注】。

② 命令：在命令栏中输入"dimcenter"命令。

执行"圆心标注"命令，如图 4-112 所示。

**命令提示：**

命令：dimcenter　　//执行"圆心标注"命令

选择圆弧或圆：//选择标注的圆弧或圆

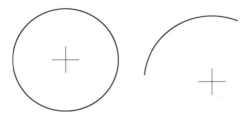

图 4-112　执行"圆心标注"命令

**【任务小结】**

本任务主要介绍 AutoCAD 2018 标注图形的方法，包括标注样式的创建与设置，以及线型、对齐、弧长、坐标、半径、直径、角度、折弯、基线、连续、圆心等常用标注的操作方法。

**【任务实训】**

（1）利用所学知识，按照图 4-113 的要求绘制"铁路路徽"。

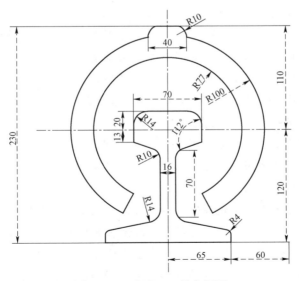

图 4-113　任务 4.3 的实训图

（2）创建标注样式，命名为"铁路路徽"。指定"超出尺寸线"为 1；"箭头大小"为 3；文字高度为 3.5，并按图 4-113 对"铁路路徽"进行标注。

## 身边榜样

翟长青，中铁四局有限公司第八工程分公司工人，是我国第一台电传动轨道车安装调试负责人，曾为中国电传动轨道车的成功研制做出了突出贡献。2003年，翟长青参与了我国第一台450T及900T运架桥机和CPG500铺轨机研制，研制成果先后获得中国铁路工程总公司科学技术一等奖、河南省科学技术成果奖、中国铁道学会科学技术一等奖。

翟长青说，自己的工作就是不断处理和预防工程中可能遇到的问题，真要说有什么过人之处，只是他比别人多想了一步。"在维修中遇到问题，比如配件坏了，有些工人可能会建议停下来，我可能会思考这个配件是否可以用其他配件去代替，第二步可能采取一些临时措施保证施工顺利进行"。正是由于敢于创新和对工作认真负责的态度，让翟长青在30多年的工作中取得了那么多的"第一"。

铺架是高铁建设的关键工序。翟长青所在的中铁四局第八工程分公司购置了世界一流的高铁铺架设备，但进口设备资料均没有中文版，这可难坏了平时一看外文就犯困的翟长青。

翟长青手拿外文字典一遍一遍查阅，在工地休息时学习，在出差的车上琢磨，在吃饭时思索，连夜里做梦看见的都是外文资料。他把外方资料和网上查阅资料进行比对，再向中南大学专家请教，在仔细研究说明书和线路图的基础上，对每台设备进行"解剖"研究，终于将设备资料变成了一个个信息码，再与记忆中的实践经验融合，练就了"下海捞针"、迅速排查故障的高超技术。

2008年，合武高铁铺架工期紧迫，一台移动焊轨机上的卡特彼勒发电机出现故障，现场检查判定旋转整流模块损坏。如果联系外国厂家维修，不仅要价高，还没有现货。翟长青坐不住了："至少一个月，我们根本等不起。"这对公司来讲，要面对数百万元的直接经济损失，耽误的工期更是无法弥补。危急时刻，翟长青冷静下来迎难而上，采用国产三相整流桥、双向击穿二极管、压敏电阻组合进行产品替代，使发电设备及时恢复正常使用。

铺架作业风餐露宿，四海为家。翟长青一年有300天流动在长途车上和铁路铺架工地，哪里有铺架建设，哪里就有他的身影。

2008年，临近春节，翟长青在武广高铁工地确定铺架基地用电方案后，准备回合肥过年。途中，当接到宜万工地架桥机运梁车牵引电机损坏的电话，他立即下车，直奔武汉电子市场购置配件，然后带着配件赶到工地维修设备，设备修好后才又坐车回合肥。然而，车刚过武汉，合武工地又来电话说焊轨基地中频正火设备出现故障。

那时已是腊月二十七，安徽暴雪封路，翟长青乘坐的客车被困在路上三天三夜。"当时很多人都要熬不住了，我人困在路上还要打着电话解决现场问题。"混乱的场面没有干扰翟长青，他在脑海中迅速"还原"现场情况和设备故障情况，指导现场技术人员一步步排查故障原因。直到现场维修人员找到故障原因、手机没电关机时，心系"现场抢修"的翟长青才意识到自己已经20个小时没有吃饭喝水了。幸好有老乡送来矿泉水、方便面作为年夜饭，等到家时已是大年三十。

在做好本职工作的同时，翟长青还是好老师，每到工地处理设备故障，他都把工地技术人员带在身边，结合实际讲授设备的工作原理、功能要旨等。他还手把手地教他们查找故障、拟定维修解决方案等，毫不保留地授之以渔，培养起多个铺架设备技术团队。

翟长青的徒弟裴玉虎现在在中铁四局第八工程分公司担任铺架设备管理中心技术部部长一职，2009 年他开始和翟长青正式成为师徒关系。"师父带我这么多年，我也只是学到了一些皮毛，我们师兄弟几个各学一部分。跟着师父，我学到了做人的道理和做事的方法，受益匪浅。"

8 年来，裴玉虎跟着师父从技术知识学到管理理念，翟长青的做事态度、行事风格对他影响颇深。裴玉虎说："师父在工作中认真细致，有责任感，生活中对我们温和关怀。"对裴玉虎来说，印象最深刻的一件事，就是翟长青因为安全隐患对他的严厉批评。

2012 年，在一次对 CPG500 型无缝线路长轨条铺轨机的故障处理中，裴玉虎在应急情况下拆除了安全装置，虽然保证了建设进度，却存在安全隐患。翟长青在得知这件事后，严厉批评裴玉虎："应急情况下临时处理的问题，一定要恢复。我们的工作就是保障建设，一定要守住安全底线。"裴玉虎此后牢牢记住了师父的提醒，守住安全底线也成为他工作中最重要的原则。

在维护保障工作中，翟长青经历了二十多次既有线铺架建设，"最不能掉以轻心的就是既有线的铺架任务。平时设备出现问题，如果没有配件导致进度停滞不前，顶多造成工期延误。但既有线是已经实施运行的线路，如果遇到问题会造成既有线运输中断，后果不堪设想。"既有线"砸点"事故时有发生，值得庆幸的是，翟长青所参与的既有线铺架建设都十分顺利，在这份"幸运"的背后，是他对工作一丝不苟的付出。

翟长青超群的不仅是技术，更是乐于奉献的品格。在中国实现强国梦的道路上，还有更多像翟长青一样的"大国工匠"，始终默默耕耘，默默付出，贡献自己的力量！

# 项目 5   铁路站场图综合绘制

## 项目分析

本项目主要介绍使用 AutoCAD 2018 绘制铁路站场中间站、区段站和编组站的步骤和方法，以及图纸的输出打印方法。通过学习，我们能够熟练掌握 AutoCAD 2018 的各种绘图和编辑命令，能够熟练使用 AutoCAD 2018 绘制铁路站场图。

**知识目标：**
- 巩固 AutoCAD 2018 各种图形绘制命令的使用技能。
- 巩固 AutoCAD 2018 各种图形编辑命令的使用技能。
- 掌握 AutoCAD 2018 图纸输出打印的方法。

**能力目标：**
- 熟练掌握 AutoCAD 2018 的绘图和编辑命令。
- 熟练掌握 AutoCAD 2018 图纸的输出打印命令。
- 熟练使用 AutoCAD 2018 绘制铁路站场图。

**素质目标：**
- 培养细致、严谨的阅图和绘图习惯。
- 培养自主学习、思考、决策和创造的能力。
- 提高计算机使用和操作能力。

**思政目标：**
- 教育学生把爱国情、强国志、报国行自觉融入坚持和发展中国特色社会主义事业、建设社会主义现代化强国、实现中华民族伟大复兴的奋斗之中。
- 自觉践行社会主义核心价值观，争做社会主义合格建设者和接班人。

## 学习情境导入

北京南站建于 1897 年，当时被称为马家堡站，之后，由于城市发展等原因，北京南站于 2006 年 5 月正式进行了改造，2008 年 8 月改造完成，重新启动。

北京南站可以说是北京市最重要的城市基础建设之一，建筑面积约 32 万 m²，是北京面积最大的车站，北京南站位于繁华的北京市丰台区，交通便利，所以游客来这里坐车很方便，北京南站也被称为首都"最繁华的车站"。

北京南站如图 5-1 所示。

图 5-1　北京南站

北京南站的站台外形为椭圆形结构，从远处看像巨大的"UFO"，从南北两个方向看，和横向延伸的祈年殿很相似。

北京南站的设计融入了古典建筑"三重轩"的传统文化元素，中央主站的房间微微隆起，东西两侧钢结构的雨棚各有两个，钢结构的雨棚呈现灰白色的色调，显然中间嵌入了透明的采光玻璃，其最大的优点是极大地提高了自然的采光率。特别值得一提的是钢结构雨棚的结构设计，它通过不同规格的悬挂梁构成水波扇形形态，使雨棚整体形成落下式的双曲面，整体造型与主站的屋面相呼应，达到相互融合的视觉效果。北京南站在建设过程中，面临着无数工程难题，攻克了轨道层的直螺丝连接等世界性技术难题。

北京南站的建设为中国大型工程项目的建设积累了宝贵的经验，为中国的铁路事业做出了巨大贡献，正因为如此，北京南站先后获得了多项建筑奖，得到了业界的一致认可。

# 任务 5.1  铁路中间站的绘制

## 5.1.1  中间站概要

在铁路区段内，为满足区间通过能力及客货运需要而设有配线的分界点称为中间站。中间站的主要作业内容有：① 列车的通过、会让、越行；② 旅客乘降和行李、包裹的收发与保管；③ 货物的承运、装卸、保管与交付；④ 摘挂列车向货场甩挂车辆的调车作业。中间站应设有完成其主要作业内容的设备，如列车到发线和货物装卸线；站房、站台和站台间跨越设备；货物堆放场、货物站台、仓库、雨棚等；信号和通信设备；机车整备、转向、给水等作业的相关设备；存车线和调车线等。

## 5.1.2  中间站布置图

中间站一般采用横列式布置。横列式布置具有多种优点，包括站坪长度短、工程投资少，在紧迫导线地段可缩短线路长度；车站值班员对两端咽喉有较好的瞭望条件，便于管理；无中部咽喉，可减少扳道人员；挂摘列车调车时车辆走行距离短，节省运营费用；到发线使用灵活，站场布置紧凑等。

**1. 单线中间站**

（1）单线无牵出线中间站。

单线中间站，当甩挂作业量较小时，不设牵出线。货场可设在站房同侧或站房对侧。为便于开展调车作业，货场应尽可能地设在到发线顺运转方向的前端，如图 5-2 所示。

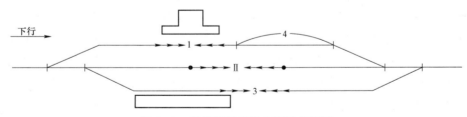

图 5-2  单线无牵出线中间站布置图

（2）单线有牵出线中间站。

货场不设牵出线时，上、下行摘挂列车的摘挂作业均需利用正线调车，当摘挂作业较多时，必然影响正线的通过能力。如果行车量和货运量均较大时，则应在货场一端设牵出线，如图 5-3 所示。

**2. 双线中间站**

在调车作业量大，单线中间站无法满足各项作业需求时，则采用双线中间站。通过增加一条正线，以保证站内各项作业高效、有序进行，如图 5-4 所示。

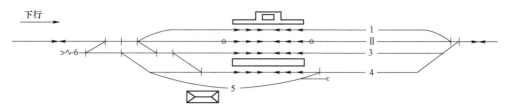

图 5-3 单线有牵出线中间站布置图

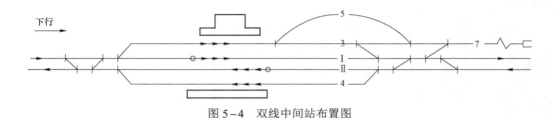

图 5-4 双线中间站布置图

## 5.1.3 中间站的绘制

### 1. 线路的绘制

在铁路站场图中，线路一般用水平直线表示，如图 5-5 所示。

————————————————————————————————————————
————————————————————————————————————————

图 5-5 铁路线路的绘制

代码提示：

```
命令:<正交 开>  //开启正交模式
命令:line  //执行"直线"命令
指定第一个点:
指定下一点或 [放弃(U)]:500  //指定长度为 500mm
指定下一点或 [放弃(U)]:

命令:offset  //执行"偏移"命令
当前设置:删除源=否  图层=源  OFFSETGAPTYPE=0
指定偏移距离或 [通过(T)/删除(E)/图层(L)] <通过>:20  //设置偏移距离为 20mm
选择要偏移的对象,或 [退出(E)/放弃(U)] <退出>://选择偏移对象
指定要偏移的那一侧上的点,或 [退出(E)/多个(M)/放弃(U)] <退出>:
//选择偏移方向
```

### 2. 行车方向的绘制

在铁路站场图中，行车方向用实心三角号表示，如图 5-6 所示。

图 5-6　行车方向的绘制

**代码提示：**

```
命令:pline //执行"多段线"命令

指定起点://指定多段线起点

指定下一个点或 [圆弧(A)/半宽(H)/长度(L)/放弃(U)/宽度(W)]:h

//执行"半宽"命令

指定起点半宽 <1.5000>:0   //指定起点半宽为0mm

指定端点半宽 <0.0000>:2   //指定端点半宽为2mm

指定下一个点或 [圆弧(A)/半宽(H)/长度(L)/放弃(U)/宽度(W)]:10

//指定长度为10mm


命令:copy //执行"复制"命令

选择对象:找到 1 个   //选择复制对象

当前设置:复制模式 = 多个

指定基点或 [位移(D)/模式(O)] <位移>://指定复制的基点

指定第二个点或 [阵列(A)] <使用第一个点作为位移>:12

//指定位移距离为12mm
```

### 3. 道岔的绘制

在铁路站场图中，道岔中心线由垂直直线表示，道岔由连接两条线路的中心线的斜线表示，如图 5-7 所示。

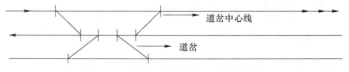

图 5-7　道岔和道岔中心线的绘制

**代码提示：**

```
命令:line //执行"直线"命令

指定第一个点://指定道岔中心线的第一个点

指定下一点或 [放弃(U)]:10   //指定长度为10mm


命令:line //执行"直线"命令

指定第一个点://指定第一个道岔中心线交点

指定下一点或 [放弃(U)]://指定第一个道岔中心线交点
```

#### 4. 超限货物列车标识的绘制

在铁路站场图中，超限货物列车标识用空心圆表示，如图5-8所示。

图5-8　超限货物列车标识的绘制

**代码提示：**

```
命令:circle　//执行"圆"命令
指定圆的圆心或 [三点(3P)/两点(2P)/切点、切点、半径(T)]://指定圆心位置
指定圆的半径或 [直径(D)] <3.0000>:3　//指定半径为3mm
```

#### 5. 线路编号的绘制

在铁路站场图中，线路编号用数字表示。一般情况下，第一条和第二条正线用罗马数字"Ⅰ""Ⅱ"表示，其他线路用阿拉伯数字"3""4"……表示，如图5-9所示。

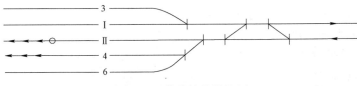

图5-9　线路编号的绘制

**代码提示：**

```
命令:mtext　//执行"多行文字"命令
当前文字样式:"Standard" 文字高度:6 注释性:否　//指定文字高度为6mm
指定第一角点://指定文本框位置
指定对角点或 [高度(H)/对正(J)/行距(L)/旋转(R)/样式(S)/宽度(W)/栏(C)]:
```

#### 6. 牵出线的绘制

在铁路站场图中，牵出线用不规则线型表示，如图5-10所示。

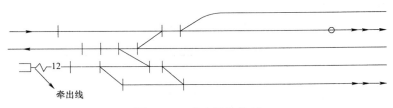

图5-10　牵出线的绘制

代码提示：

```
命令:line              //执行"直线"命令
指定第一个点:          //指定第一个点
指定下一点或 [放弃(U)]:     //指定下一点
指定下一点或 [放弃(U)]:
```

### 7. 到发线的绘制

在铁路站场图中，到发线用圆弧表示，如图5-11所示。

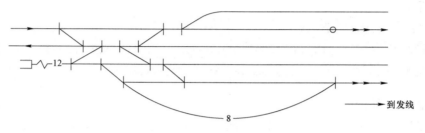

图5-11　到发线的绘制

代码提示：

```
命令:arc
指定圆弧的起点或 [圆心(C)]:
指定圆弧的第二个点或 [圆心(C)/端点(E)]:
指定圆弧的端点:
```

### 8. 车挡的绘制

在铁路站场图中，车挡用规则的线型表示，如图5-12所示。

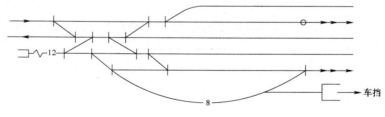

图5-12　车挡的绘制

### 9. 站台和站房的绘制

在铁路站场图中，站台和站房用矩形表示，如图5-13所示。

图5-13　站台和站房的绘制

**代码提示:**

```
命令:rectang  //执行"矩形"命令
指定第一个角点或 [倒角(C)/标高(E)/圆角(F)/厚度(T)/宽度(W)]:
指定另一个角点或 [面积(A)/尺寸(D)/旋转(R)]:d  //执行"尺寸"命令
指定矩形的长度 <10.0000>:80  //指定矩形长度为80mm
指定矩形的宽度 <10.0000>:7  //指定矩形宽度为7mm


命令:hatch  //执行"图案填充"命令
拾取内部点或 [选择对象(S)/放弃(U)/设置(T)]:正在选择所有对象...
//指定填充区域
正在选择所有可见对象...
正在分析所选数据...
正在分析内部孤岛...
```

**【任务小结】**

本任务主要介绍铁路站场中间站各组成部分的绘制方法,包括直线、多段线、矩形、圆、圆弧等基本图形的绘制,以及圆角、偏移、移动、复制、图案填充等编辑图形的方法。通过本任务的学习,我们能够熟练使用 AutoCAD 2018 绘制铁路站场中间站布置图。

**【任务实训】**

使用 AutoCAD 2018 绘制铁路站场中间站布置图,如图5-14所示。

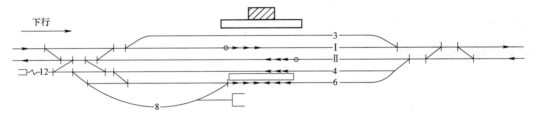

图5-14 任务5.1的实训图

# 任务 5.2　铁路区段站的绘制

## 5.2.1　区段站概要

区段站的主要任务是为邻接的铁路区段供应整备机车或更换机车乘务组，并办理无改编中转货物列车规定的技术作业及一定数量的列车解编作业和客、货运业务。在设备条件具备时，还进行机车、车辆的检修作业。

区段站的作业数量和设备规模虽然不大，但从作业性质和设备的种类来看，各专业车站的主要作业和基本设备在区段站都有不同程度的体现。区段站的作业主要有：① 办理旅客乘降，行李、包裹、邮件的承运、保管、装卸与交付等作业客运业务；② 办理货物的承运、保管、装卸与交付，以及冷藏车的加冰、保温车的整备等作业的货运业务；③ 办理与旅客列车和货物列车运转有关作业的运转业务；④ 办理货物列车机车的更换和乘务组的换班、机车整备及检修作业的机车业务；⑤ 办理列车的技术检查、车辆的检修作业的车辆业务。区段站的设备主要有：① 旅客站房、站前广场、旅客站台、雨棚、旅客跨线等客运作业设备；② 货物站台、仓库、货物堆放场、装卸线、存车线、装卸机械等货运作业设备；③ 旅客列车到发线、车底停留线，货物列车到发线、调车线、牵出线、简易驼峰，以及供机车出入段行走使用的机走线、机待线、出入线等运转作业设备；④ 机务段、机务折返段，以及机车整备、检修、转向等设备，还有机务换乘点等机务作业设备；⑤ 列检所、站修所和车辆段等车辆作业设备。

## 5.2.2　区段站布置图

区段站按到发场的相互位置主要分为横列式区段站、纵列式区段站，以及客、货纵列式区段站 3 种。

### 1. 横列式区段站

横列式区段站上、下行到发场平行布置在正线一侧，调车场并列位于到发场外侧，且上、下行到发场及调车场均位于站房对侧，如图 5-15 所示。

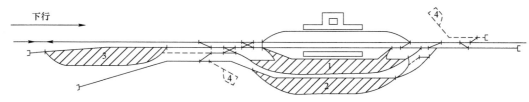

图 5-15　横列式区段站布置图

## 2. 纵列式区段站

纵列式区段站上、下行到发场分设在正线的两侧，并逆运转方向错移，呈纵列布置，上、下行共用的调车场位于一个到发场外侧，如图 5-16 所示。

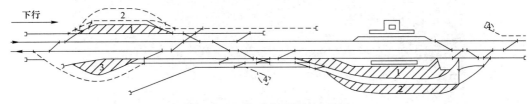

图 5-16　纵列式区段站布置图

## 3. 客、货纵列式区段站

客、货纵列式区段站的货运运转设备（主要指货物列车到发线）与客运运转设备（主要指客运列车到发线）纵列布置，且客运运转设备与站房横列布置，如图 5-17 所示。

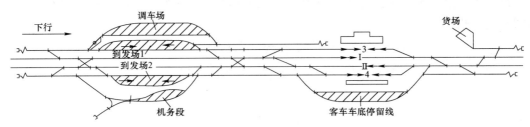

图 5-17　客、货纵列式区段站布置图

## 5.2.3　区段站的绘制

### 1. 正线的绘制

在铁路站场图中，正线要比其他线路宽一些，这样可以直观地表示正线的位置，如图 5-18 所示。

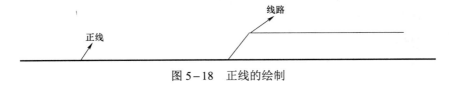

图 5-18　正线的绘制

绘制正线时，需要在【图形特性】对话框中创建一个新的图层，指定直线长度，并将该图层设置为当前图层，如图 5-19 所示。

**代码提示：**

```
命令:line  //执行"直线"命令
指定第一个点://指定起始点
指定下一点或 [放弃(U)]:500   //指定直线长度为500mm
指定下一点或 [放弃(U)]:
```

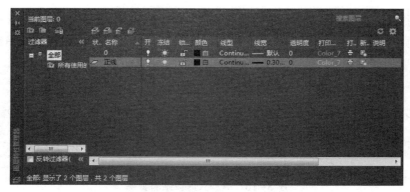

图5-19 【图层特性】对话框

### 2. 线路集群的绘制

在铁路站场图中，如果绘制的是样图或示意图，而非设计图的时候，可以将同一用途的线路用填充区域来表示，在图中形成一个线路集群，并用文字标明该区域线路的类型，如图5-20所示。

图5-20 客车车底停留线集群示意图

代码提示：

```
命令:line  //执行"直线"命令
指定第一个点:
指定下一点或 [放弃(U)]:<正交 开> 200   //绘制水平直线
指定下一点或 [放弃(U)]:<正交 关> 130   //绘制夹角直线
指定下一点或 [放弃(U)]:<正交 关> 150   //绘制水平直线
指定下一点或 [闭合(C)/放弃(U)]:c  //闭合图形


命令:fillet  //执行"圆角"命令
当前设置:模式 = 修剪,半径 =0.0000
选择第一个对象或 [放弃(U)/多段线(P)/半径(R)/修剪(T)/多个(M)]:r
//指定绘制方式
指定圆角半径 <50.0000>://设置半径值
选择第一个对象或 [放弃(U)/多段线(P)/半径(R)/修剪(T)/多个(M)]:


命令:mtext  //执行"多行文字"命令
当前文字样式:"Standard"  文字高度:8  注释性:否  //指定文字高度
```

指定第一角点://指定文字起始位置

指定对角点或 [高度(H)/对正(J)/行距(L)/旋转(R)/样式(S)/宽度(W)/栏(C)]:

命令:hatch //执行"图案填充"命令

拾取内部点或 [选择对象(S)/放弃(U)/设置(T)]:正在选择所有对象...

//指定拾取点

正在选择所有可见对象...

正在分析所选数据...

正在分析内部孤岛...

### 3. 机务段的绘制

在铁路站场图中,机务段是用直线、曲线组成的不规则封闭图形来表示的,并用图案填充表示线路集群和文字注明,如图 5-21 所示。

图 5-21 机务段示意图

**代码提示:**

命令:SPLINE //执行"样条曲线"命令

当前设置:方式=控制点 阶数=3 //指定控制点绘制方式

指定第一个点或 [方式(M)/阶数(D)/对象(O)]:_M //指定起始点位置

输入样条曲线创建方式 [拟合(F)/控制点(CV)] <控制点>:_CV //指定控制点位置


命令:mtext //执行"多行文字"命令

当前文字样式:"Standard" 文字高度:10 注释性:否 //指定文字高度

指定第一角点://指定文字起始位置

指定对角点或 [高度(H)/对正(J)/行距(L)/旋转(R)/样式(S)/宽度(W)/栏(C)]:


命令:hatch //执行"图案填充"命令

拾取内部点或 [选择对象(S)/放弃(U)/设置(T)]:正在选择所有对象...

//指定拾取点

正在选择所有可见对象...

正在分析所选数据...

正在分析内部孤岛...

### 4. 货场的绘制

在铁路站场图中,货场多由直线、曲线组成的封闭图形来表示,并用文字注明,如

图 5-22 所示。可根据实际绘图需要，选择货场的形状和绘制方法。

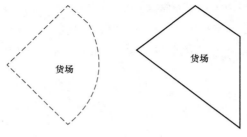

图 5-22　货场示意图

【任务小结】

本任务主要介绍铁路站场区段站的绘制方法，包括规则图形、不规则图形的绘制和编辑方法。通过学习，我们能够熟练使用 AutoCAD 2018 绘制铁路站场区段站布置图。

【任务实训】

使用 AutoCAD 2018 绘制铁路站场客、货纵列式区段站布置图（见图 5-23）。

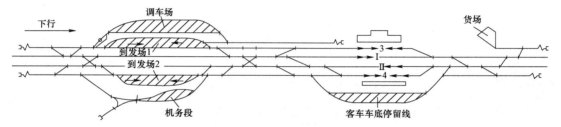

图 5-23　任务 5.2 的实训图

# 任务 5.3　铁路编组站的绘制

## 5.3.1　编组站概要

编组站是在铁路线路上办理货物列车解体、编组作业，并为此设有比较完善的调车设备的车站。编组站和区段站统称为技术站。如果仅从技术作业看，编组站和区段站的作业内容大体一致。其实，编组站和区段站在作业的数量和性质，以及设备的种类和规模上均有明显的区别。区段站以办理无改编中转货物列车为主，而编组站则以办理改编中转货物列车为主，其调车场和调车设备的规模和能力均比区段站大得多。

编组站主要办理的作业有：① 改编中转货物列车的解体，始发列车的集结、编组和发出等作业，改编中转货物列车作业是编组站的最主要作业；② 对无改编中转货物列车进行换挂机车和列车技术检查等作业；③ 变更列车重量、变更列车运行方向或进行成组甩挂等少量调车作业；④ 进行本站作业车的送车、装卸和取送等作业；⑤ 进行机车出段、入段、段内整备及检修等作业；⑥ 进行列车技术检查、轴箱及制动装置保养、货车的段修等作业；⑦ 进行客运、货运、军运列车供应等其他作业。

编组站的主要设备有：① 驼峰、调车场（线）、牵出线等调车作业设备；② 货物列车的到发线和车底停留线等运转作业设备；③ 机务段、机务折返段和机车整备、检修、转向等设备，以及机务换乘点等机务作业设备；④ 列检所、站修所和车辆段等车辆作业设备；⑤ 货物站台、仓库、货物堆放场、装卸线、存车线、装卸机械等货运作业设备；⑥ 客运、站内外连接线路、信联闭、通信和照明灯等其他作业设备。

## 5.3.2　编组站布置图

编组站分为单向和双向两类，凡上、下行改编车流共用一套调车设备完成解编作业的编组站称为单向布置编组站；凡设有两套调车设备分别承担上、下行改编车流解编作业的编组站称为双向布置编组站。

按车场相互排列位置的不同，编组站可分为横列式、混合式和纵列式 3 种：上、下行到发场与调车场并列配置的称为横列式布置编组站；所有主要车场顺序排列的称为纵列式布置编组站；部分主要车场纵列、另一部分车场横列的称为混合式布置编组站。

通常把编组站布置图称为"几级几场"布置图。所谓"级"是指车站中轴线上纵向排列的车场数；所谓"场"是指全站主要车场总数。

**1. 单向横列式编组站**

单向横列式编组站的基本特征是上、下行到发场并列在共用调车场的两侧，如图 5–24 所示。

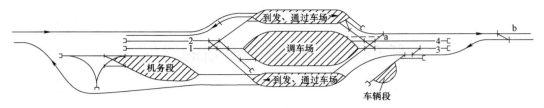

图 5-24　单向横列式编组站

### 2. 单向混合式编组站

单向混合式编组站的基本特征是各衔接方向的共用到达场和调车场纵列配置，而上、下行出发场并列设在调车场的两侧，如图 5-25 所示。

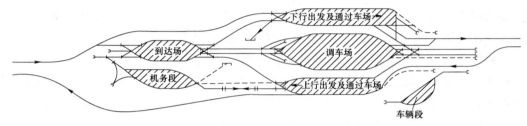

图 5-25　单向混合式编组站

### 3. 单向纵列式编组站

单向纵列式编组站的基本特征是各衔接方向共用的到达场、调车场、出发场依次纵列配置，如图 5-26 所示。

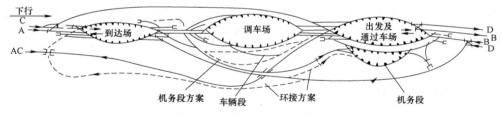

图 5-26　单向纵列式编组站

### 4. 双向纵列式编组站

双向纵列式编组站的基本特征是上、下行各有一套独立的调车作业系统，驼峰方向相对，车场配置按到达场、调车场、出发场顺序排列，如图 5-27 所示。

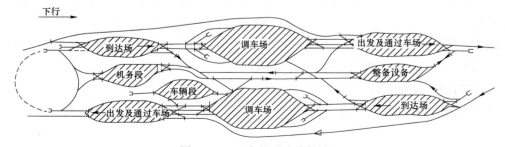

图 5-27　双向纵列式编组站

### 5. 双向混合式编组站

双向混合式编组站的基本特征是由上、下行两个调车系统组成，如图 5-28 所示。

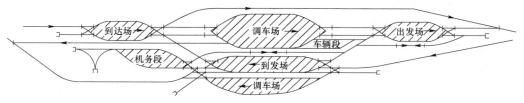

图 5-28　双向混合式编组站

## 5.3.3　编组站的绘制

### 1. 调车场的绘制

在铁路站场图中，调车场一般用近似的六边形表示，如图 5-29 所示。

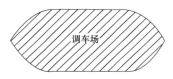

图 5-29　调车场的绘制

### 代码提示：

```
命令:line //执行"直线"命令
指定第一个点://指定起始点
指定下一点或 [放弃(U)]:


命令:fillet //执行"圆角"命令
当前设置:模式 = 修剪,半径 = 0.000 //执行"半径"命令
选择第一个对象或 [放弃(U)/多段线(P)/半径(R)/修剪(T)/多个(M)]://选择对象
选择第二个对象,或按住 Shift 键选择对象以应用角点或 [半径(R)]://选择对象


命令:mirror 找到 0 个 //执行"镜像"命令
指定镜像线的第一点://指定镜像线第一点
指定镜像线的第二点://指定镜像线第二点
要删除源对象吗?[是(Y)/否(N)] <否>:N //保留源对象


命令:mtext //执行"多行文字"命令
当前文字样式:"Standard" 文字高度:2.5 注释性:否 //执行文字高度
指定第一角点://指定文本框区域
```

指定对角点或 [高度(H)/对正(J)/行距(L)/旋转(R)/样式(S)/宽度(W)/栏(C)]:

命令:hatch //执行"图案填充"命令

拾取内部点或 [选择对象(S)/放弃(U)/设置(T)]:正在选择所有对象...

正在选择所有可见对象...

正在分析所选数据...

正在分析内部孤岛...

### 2. 通过车场的绘制

在铁路站场图中，通过车场一般用近似的五边形表示，如图5-30所示。

图5-30 通过车场的绘制

### 代码提示：

命令:line //执行"直线"命令
指定第一个点://指定起始点
指定下一点或 [放弃(U)]:


命令:fillet //执行"圆角"命令
当前设置:模式 = 修剪,半径 = 0.000 //执行"半径"命令
选择第一个对象或 [放弃(U)/多段线(P)/半径(R)/修剪(T)/多个(M)]://选择对象
选择第二个对象,或按住 Shift 键选择对象以应用角点或 [半径(R)]://选择对象


命令:mtext //执行"多行文字"命令
当前文字样式:"Standard" 文字高度:2.5 注释性:否 //执行文字高度
指定第一角点://指定文本框区域
指定对角点或 [高度(H)/对正(J)/行距(L)/旋转(R)/样式(S)/宽度(W)/栏(C)]:


命令:hatch //执行"图案填充"命令
拾取内部点或 [选择对象(S)/放弃(U)/设置(T)]:正在选择所有对象...
正在选择所有可见对象...
正在分析所选数据...
正在分析内部孤岛...

**【任务小结】**

　　本任务主要介绍铁路站场编组站的绘制方法，包括图形的绘制和编辑图形的方法。通过学习，我们能够熟练使用 AutoCAD 2018 绘制铁路站场编组站布置图。

**【任务实训】**

　　使用 AutoCAD 2018 绘制铁路站场双向纵列式编组站布置图（见图 5−31）。

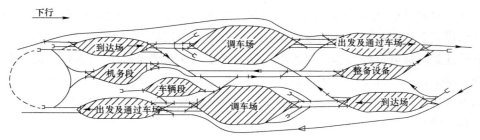

图 5−31　任务 5.3 的实训图

# 任务 5.4 高速铁路站场的绘制

## 5.4.1 高速铁路站场概要

高速铁路站场是高速铁路运输生产的基层单位。高速铁路的建设模式包括修建模式和运输组织模式。修建模式是指高速铁路采用既有线改造还是新建，线路的走向是采用与既有线并行还是远离既有线修建。运输组织模式是指高速铁路是客运专线还是客货混用，列车运行采取高速旅客列车运行还是高、中速旅客列车共线运行。高速铁路的建设模式不同，其站场设计也不同。高速铁路站场布置具有站坪长、线间距大、站场路基要求高、轨道设计标准高等特点。

## 5.4.2 高速铁路车站布置图

高速铁路车站按照技术作业性质分为越行站、中间站和始发站；按照客运量大小可分为大、中、小型车站。中间站和始发站都属于客运站，但二者的作业特点不同。

### 1. 越行站

越行站是专为办理高速旅客列车越行跨线而设的车站，其主要作业有：① 办理正线各种列车的通过；② 办理跨线列车待避高速列车。某越行站布置图如5-32所示。

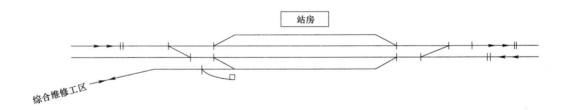

图 5-32 某越行站布置图

### 2. 中间站

中间站的主要作业有：① 办理正线各种列车通过，高速列车越行作业；② 有立即折返的中间站，办理列车终到和始发作业；③ 办理停站列车的客运作业；④ 有综合维修基地岔线接轨的中间站办理检修、维修等列车进出正线的作业。

中间站有不设维修基地中间站和设有维修基地中间站2种，如图5-33所示。

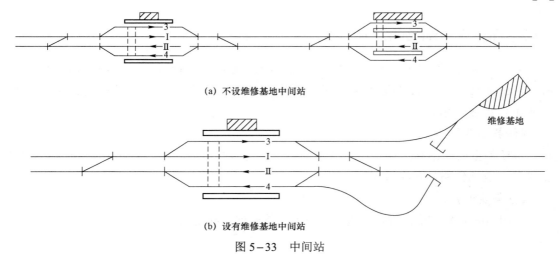

(a) 不设维修基地中间站

(b) 设有维修基地中间站

图 5-33 中间站

某中间站布置图如 5-34 所示。

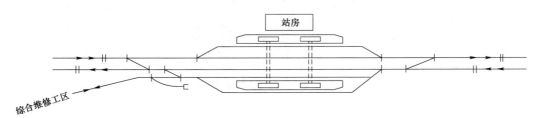

图 5-34 某中间站布置图

### 3. 始发站

始发站是针对一条高速线而言的，对于跨线列车，在始发站仍为通过列车，只是通过的方式有所不同。其办理的主要作业有：① 办理高速列车始发、终到作业，跨线列车的通过作业；② 办理停站列车客运业务；③ 动车组的整备、维修、除厂修外的全部修程；④ 动车组的取送和折返作业，检修、维修的列车出入正线作业。某始发站布置图如 5-35 所示。

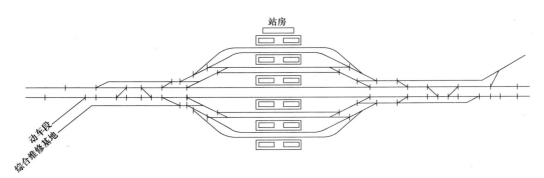

图 5-35 某始发站布置图

### 5.4.3　高速铁路站场的绘制

高速铁路站场中间站、区段站、编组站的绘制方法与普速铁路站场相似。绘图时所涉及的绘图命令和图形编辑命令及布置图绘制方法，在前面的任务中均已讲解，本任务不再重复讲解。

【任务小结】

本任务主要介绍高速铁路站场的绘制方法，通过学习，我们能够熟练使用 AutoCAD 2018 绘制高速铁路站场布置图。

【任务实训】

使用 AutoCAD 2018 绘制高速列车与中、普速列车站场布置图（见图 5−36）。

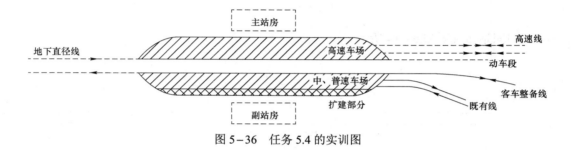

图 5−36　任务 5.4 的实训图

## 身边榜样

郭锐，全国人大代表，中车青岛四方机车车辆股份有限公司高级技师、首席技师、中国中车首席技能专家。

"我是一名高铁工人，主要从事'和谐号''复兴号'动车组的生产制造工作。'产业报国、勇于创新，为中国梦提速'是我们每一名高铁工人的理想和追求。"郭锐接受记者采访时说，"我们将为'复兴号'风行世界，为建设交通强国、智造强国而努力奋斗！"在从"中国制造"到"中国智造"的不懈追寻中，郭锐先后获得"中国中车高铁工匠"、全国"五一劳动奖章"、中宣部"最美铁路人"、"全国劳动模范"等诸多荣誉。

郭锐出生在铁路世家，他因此见证了中国轨道交通行业的发展历程。成为"第一代高铁工人"后，他参与了从"绿皮车"到"和谐号"的转型，再到"复兴号"的飞跃。进厂20多年，他从学徒工开始起步，如今已成为首席技能专家。一路走来，郭锐始终坚守在他热爱的生产一线。

2015年，我国完全自主知识产权的"复兴号"动车组投入研制，由于"复兴号"转向架采用全新的分体式轴箱设计，轴箱装配精度必须控制在 0.04 mm 以内。面对全新的技术挑战，郭锐带领团队大胆探索，勇于实践，在不断摸索和碰撞中拓展思路、寻求突破。经过周密的分析论证，郭锐带领团队探索出从螺栓紧固方法入手的解决办法。6 个螺栓的紧固次序组合有 720 种，而预紧力度组合更是不计其数，经过上千次的试验验证，他们终于找出最佳装配方案，突破了技术壁垒。

接下来，郭锐带领团队共编制 220 份作业要领书，构建了"复兴号"动车组转向架组装作业工艺标准体系。随着我国高铁事业蓬勃发展，纵横交错的高铁网在祖国大地上越织越密，对高速列车的需求也越来越大。

2016年，四方公司高速动车组转向架齿轮箱检修的生产任务由日产 3 台提升至日产 8 台。摆在郭锐面前的难题是：如何在现有作业面积不变、设备不变的条件下，大幅提高生产能力？作为技术攻关带头人，郭锐几乎全天盯在现场，经过连续一周的设计论证，他提出改变现有工艺布局，优化作业流程，改造、改进工艺装备，增加作业工位，每个生产节拍做到以分钟来计算的提效方案。方案实施后，生产能力得到显著提升。在这次技术攻关过程中，郭锐设计的"一种车轴测量打磨装置及齿轮箱装配输送线"获 2018 年国家实用新型专利授权。

从"和谐号"到"复兴号"高速动车组、从城际列车到遍布国内外的城轨地铁列车，经过郭锐和团队之手装配出的列车超过 2 200 列，安全运营里程超过 20 亿 km。在同事们眼里，郭锐既是实干家，又是发明家，现场只要有技术难题，就一定能看到郭锐忙碌的身影。郭锐坚持实践创新与理论创新相结合，先后攻克了转向架装配多项瓶颈难题，并提炼形成独有的先进操作方法，通过技术成果转化，助力高速动车组制造技术跨越升级。近年来，他先后独创"动车组齿轮箱 G 侧游隙测量""动车组联轴节缓冲退卸"等 10 项先进操作法，37 项技术创新成果获奖，申报的 18 项国家专利获受理、授权，在各级刊物发表论文 23 篇，累计为公司创造效益 1 800 余万元。

在提升个人能力的同时，郭锐还关心、帮助公司年轻技术人员成长。在郭锐的"传帮带"下，他的徒弟中有 23 人获聘技师、高级技师，其中 13 人获聘中车核心技能人才。此外，郭锐还编写了《中车一线生产难题解决攻略》《轨道交通机械设备装配与调试》《车辆钳工专业技能培训解析》《高速动车组齿轮箱组装工艺培训》等教材，为人才队伍的培养提供理论基础。5 年来，郭锐带领团队共完成攻关课题 492 项，解决技术难题 350 余项，编制作业要领书 1 162 份，开发培训课程 87 件，申报国家专利 56 项，在各级刊物发表论文 180 多篇，培养技师、高级技师 172 人，为中国高速动车组制造水平和产品质量的提升作出了突出贡献。

# 附录 A 《铁路技术管理规程》中 关于列车运行的相关规定

## A.1 列车运行组织的基本要求和规定

（1）列车是指编成的车列并挂有机车及规定的列车标志。动车组列车为自走行固定编组列车。

单机、大型养路机械及重型轨道车，虽未完全具备列车条件，亦应按列车办理。

旅客列车的尾部标志应使用电灯，动车组以外的旅客列车尾部标志灯的摘挂、保管，由车辆部门负责。对中途转向的动车组以外的旅客列车应有备用标志灯，以备转向时使用。

（2）特大桥梁、长大隧道、轮渡、装备区域联锁设备区段、装备列控设备区段、调度集中区段和重载列车、组合列车的特殊行车组织办法，由铁路局根据具体设备条件和作业组织需要规定。

（3）列车运行中，各有关作业人员应按规定执行车机联控。

（4）列车应设有列车乘务组。列车乘务组按下列规定组成：

① 动车组列车应有动车组司机，其他列车应有机车乘务人员；

② 动车组列车应有随车机械师，其他旅客列车、特快货物班列和机械冷藏车组，均应有车辆乘务人员；

③ 旅客列车应有客运乘务组。

（5）动车组以外的列车司机在列车运行中，应做到：

① 列车在出发前输入监控装置有关数据；按规定对列车自动制动机进行试验，在制动保压状态下列车制动主管的压力 1 min 内漏泄不得超过 20 kPa，确认列尾装置作用良好。

装备机车综合无线通信设备的机车，开车前司机要选定机车综合无线通信设备通信模式和运行线路。在 GSM-R 区段运行时，机车综合无线通信设备、GSM-R 手持终端按规定注册列车车次，并确认正确。

② 遵守列车运行图规定的运行时刻和各项允许及限制速度。彻底瞭望，确认信号，执行呼唤应答制度，严格按信号显示要求行车，确保列车安全正点。遇有信号显示不明或危及行车和人身安全时，应立即采取减速或停车措施。

③ 机车信号、列车无线调度通信设备、列车运行监控装置（轨道车运行控制设备）和

列尾装置必须全程运转，严禁擅自关机。

运行途中，遇列尾装置、机车信号、列车运行监控装置（轨道车运行控制设备）发生故障时，司机应立即使用列车无线调度通信设备报告车站值班员或列车调度员，并根据实际情况掌握速度运行；遇机车信号、列车运行监控装置（轨道车运行控制设备）发生故障时，司机应控制列车运行至前方站停车处理或请求更换机车，在自动闭塞区间，列车运行速度不超过 20 km/h；遇列车无线调度通信设备发生故障时，司机应在前方站停车报告。

④ 起动稳，加速快，精心操纵，停车准确，按规定鸣笛，防止列车冲动和断钩。

⑤ 随时检查机车总风缸、制动主管的压力。检查内燃机车柴油机的润滑油压力、冷却水的温度及其转数等情况。注意电力机车的各种仪表的显示及接触网状态。

⑥ 在区间内列车停车进行防护、分部运行、装卸作业或使用紧急制动阀停车后再开车时，司机必须检查试验列车制动主管的贯通状态，确认列车完整，具备开车条件后，方可起动列车。

⑦ 单机、自轮运转特种设备在自动闭塞区间紧急制动停车或被迫停在调谐区内时，司机须立即通知后续列车司机、向两端站车站值班员（列车调度员）报告停车位置（具备移动条件时司机须先将机车移动不少于 15 m），并在轨道电路调谐区外使用短路铜线短接轨道电路。

⑧ 等会列车时，不准关闭空气压缩机，并应按规定显示列车标志。

⑨ 负责货运票据的交接与保管。

⑩ 将列车运行中发生的问题及使用紧急制动阀的情况，及时报告列车调度员。

（6）动车组列车司机在列车运行中，应做到：

① 开车前司机要选定机车综合无线通信设备通信模式和运行线路，机车综合无线通信设备、GSM－R 手持终端按规定注册列车车次，并确认正确。装备列车运行监控装置的动车组列车还应按规定输入监控装置有关数据。

② 遵守列车运行图规定的运行时刻和各项允许及限制速度。彻底瞭望，确认信号，执行呼唤应答制度，严格按信号显示要求行车，确保列车安全正点。遇有信号显示不明或危及行车和人身安全时，应立即采取减速或停车措施。

③ 机车信号、机车综合无线通信设备、列车运行监控装置、列控车载设备必须全程运转，严禁擅自关机、隔离。运行途中，遇机车信号、列车运行监控装置（列控车载设备）发生故障时，司机应立即报告车站值班员或列车调度员。动车组列车按列车运行监控装置方式行车时，遇机车信号、列车运行监控装置发生故障，应根据实际情况掌握速度运行，运行至前方站停车处理；在自动闭塞区间，机车信号、列车运行监控装置发生故障时，列车运行速度不超过 40 km/h。动车组列车按列控车载设备方式行车时，遇列控车载设备发生故障，应根据调度命令停车转为列车运行监控装置控车方式或隔离模式运行；转为隔离模式运行时，列车运行速度不超过 40 km/h。

④ 运行途中，司机不能使用机车综合无线通信设备进行通话时，应立即使用 GSM－R 手持终端或无线对讲设备报告车站值班员（列车调度员）；如 GSM－R 手持终端及无线对

讲设备也不能进行通话，司机应在前方站停车报告。

⑤ 起动稳，加速快，精心操纵，停车准确，按规定鸣笛。

⑥ 注意操纵台各种仪表及车载信息监控装置的显示。

⑦ 正常情况在列车运行方向最前端司机室操纵，非操纵端司机室门、窗及各操纵开关、手柄均应置于断开或锁闭位。关闭非操纵端司机室机车综合无线通信设备电源。

⑧ 动车组列车停车后，必须使列车保持制动状态。更换动车组司机（同向换乘除外）或司机室操纵端、使用紧急制动停车、重联或解编后再开车时，必须进行相关试验。

⑨ 等会列车时，不准关闭辅助电源装置，并应按规定显示列车标志。

⑩ 将列车运行中发生的问题及使用紧急制动装置的情况，及时报告列车调度员。

（7）车辆乘务员、客运乘务组等列车乘务人员发现下列危及行车和人身安全情形时，应使用紧急制动阀（紧急制动装置）停车：

① 车辆燃轴或重要部件损坏；

② 列车发生火灾；

③ 有人从列车上坠落或线路内有人死伤；

④ 其他危及行车和人身安全必须紧急停车时。

使用车辆紧急制动阀时，不必先行破封，立即将阀手把向全开位置拉动，直到全开为止，不得停顿和关闭。遇弹簧手把时，在列车完全停车以前，不得松手。在长大下坡道上，必须先看制动主管压力表，如压力表指针已由定压下降 100 kPa 时，不得再行使用紧急制动阀（遇折角塞门关闭时除外）。

动车组列车遇上述情况时，随车机械师、客运乘务组等列车乘务人员应立即报告司机采取停车措施；来不及报告时，应使用客室紧急制动装置停车。

列车乘务人员应将使用紧急制动阀（紧急制动装置）的情况报告司机。

（8）遇天气恶劣，信号机显示距离不足 200 m 时，司机或车站值班员须立即报告列车调度员，列车调度员应及时发布调度命令，改按天气恶劣难以辨认信号的办法行车。

① 列车按机车信号的显示运行。当接近地面信号机时，司机应确认地面信号，遇地面信号与机车信号显示不一致时，应立即采取减速或停车措施。

② 当无法辨认出站（进路）信号机显示时，在列车具备发车条件后，司机凭车站值班员列车无线调度通信设备（其语音记录装置须作用良好）的发车通知起动列车，在确认出站（进路）信号机显示正确后，再行加速。

③ 天气转好时，应及时报告列车调度员发布调度命令，恢复正常行车。

（9）汛期暴风雨行车应急处理：

① 列车通过防洪重点地段时，司机要加强瞭望，并随时采取必要的安全措施。

② 当洪水漫到路肩时，列车应按规定限速运行；遇有落石、倒树等障碍物危及行车安全时，司机应立即停车，排除障碍并确认安全无误后，方可继续运行。

③ 列车遇到线路塌方、道床冲空等危及行车安全的突发情况时，司机应立即采取应急性安全措施，并立刻通知追踪列车、邻线列车及邻近车站。配备列车防护报警装置的列车

应首先使用列车防护报警装置进行防护。

（10）车辆乘务人员应按技术作业过程的规定检查车辆，并参加制动试验。在列车运行途中，应监控车辆运用状态，及时处理车辆故障，并将本身不能完成的不摘车检修工作，预报前方站列检。前方站列检应积极组织人力修复车辆故障，保持原编组运用。是否摘车检修，由当地列检决定并处理。

车辆乘务员应配备列车无线调度通信设备及响墩、火炬、短路铜线、信号旗（灯）等防护用品，在值乘中还应做到：

① 列尾装置故障时，列车出发前、停车站进站前和出站后，应按规定与司机核对列车尾部风压；

② 列车发生紧急制动停车后，联系司机，检查车辆技术状态，可继续运行时通知司机开车；

③ 向司机通报使用紧急制动阀的情况，并协助司机处理有关行车事宜。

（11）随车机械师应按技术作业过程的规定检查动车组；在列车运行途中，应监控动车组设备技术状态，及时处理车辆故障，经处置确认无法正常运行时，通知司机选择维持运行或停车。随车机械师应配备 GSM-R 手持终端和无线对讲设备及响墩、火炬、短路铜线、信号旗（灯）等防护用品，在值乘中还应做到：

① 列车发生紧急制动停车后，联系司机，检查车辆技术状态，可继续运行时通知司机开车；

② 向司机通报使用紧急制动装置的情况，并协助司机处理有关行车事宜。

（12）双管供风旅客列车运行途中发生双管供风设备故障或用单管供风机车救援接续牵引，需改为单管供风时，双管改单管作业应在站内进行。旅客列车在区间发生故障需双管改单管供风时，由车辆乘务员通知司机向列车调度员（车站值班员）提出在前方站停车处理的请求，并通知司机以不超过 120 km/h 速度运行至前方站。列车调度员发布双管改单管供风的调度命令，车辆乘务员根据调度命令在站内将客车风管路改为单管供风状态。旅客列车改为单管供风跨局运行时，由铁路总公司发布调度命令通知有关铁路局，按单管供风办理，直至终到站。

（13）动车组列车运行中出现故障，司机应根据车载信息监控装置的提示，按步骤及时处理；需要由随车机械师处理时，司机应通知随车机械师。经处置确认无法正常运行时，司机应按车载信息监控装置的提示和随车机械师的要求，选择维持运行或停车等方式，并报告列车调度员。动车组运行中，轴承温度超过报警温度，或地面红外线预报热轴，经随车机械师根据车载轴温检测系统确认轴承温度超过报警温度时，均应立即停车请求处理。

（14）动车组列车重联后，本务端司机重新开启驾驶台，司机在列车运行监控装置（列控车载设备）、机车综合无线通信设备的人机界面上输入新列车数据和车次号。

重联动车组列车解编后，可对分解后的两列车分别组织同方向发车或背向发车。开车前司机必须重新输入列车数据和车次号。

（15）当未装备列车运行监控装置的动车组列车在 CTCS-0/1 级区段按机车信号模式

运行时，列车按地面信号机显示行车，最高运行速度不超过 80 km/h。低于 80 km/h 的限速按调度命令执行，线路允许速度低于 80 km/h 的区段由司机控制列车运行速度。

（16）机车乘务组以外人员登乘机车时，除铁路机车运用管理规则指定的人员外，须凭登乘机车证登乘。登乘动车组司机室须凭动车组司机室登乘证。

登乘机车、动车组司机室的人员，在不影响乘务人员工作的前提下，经检验准许后方可登乘。

（17）列车运行限制速度规定见表 A－1。

表 A－1　列车运行限制速度表

| 项　　目 | 速　度/（km/h） |
| --- | --- |
| 四显示自动闭塞区段通过显示绿黄色灯光的信号机 | 在前方第三架信号机前能停车的速度 |
| 通过显示黄色灯光的信号机及位于定位的预告信号机 | 在次一架信号机前能停车的速度 |
| 通过显示一个黄色闪光灯光和一个黄色灯光的信号机 | 该信号机防护进路上道岔侧向的允许通过速度 |
| 通过减速地点标 | 标明的速度，未标明时为 25 |
| 推进 | 30 |
| 退行 | 15 |
| 接入站内尽头线，自进入该线起 | 30 |

（18）动车组一般情况下不得通过半径小于 250 m 的曲线，通过曲线半径为 300 m 曲线时，限速 35 km/h；通过曲线半径为 250 m 曲线时，限速 30 km/h；特殊情况通过曲线半径为 200 m 曲线时，限速 25 km/h；通过 6 号对称双开道岔时限速 15 km/h；不得侧向通过小于 9 号的单开道岔和小于 6 号的对称双开道岔。

（19）动车组回送要求：

① 动车组回送按旅客列车办理，原则上采用自走行方式。无动力回送时可根据回送技术条件加挂回送过渡车，使用客运机车牵引，回送过渡车须挂于机后第一位。8 辆编组的动车组可两列重联回送。未装备列车运行监控装置的动车组需在 CTCS－0/1 级区段回送时，应采取无动力回送方式。

② 动车组回送运行时，须安排动车组司机及随车机械师值乘。有动力回送时，非担当区段应指派带道人员。

③ 动车组回送不进行客列检作业。

④ 动车组安装过渡车钩回送时，按规定限速运行，尽可能避免实施紧急制动。发生紧急制动后，本务司机必须通知随车机械师，经随车机械师检查过渡车钩状态良好后方可继续运行。

⑤ 动车组回送时，相关动车段（所）、造修单位应提出限速、回送方式（有动力、无动力）、可否折角运行等注意事项。

## A.2　行车闭塞的相关要求和规定

### 1. 一般要求

（1）列车运行是以车站、线路所所划分的区间及自动闭塞区间的通过信号机所划分的闭塞分区作间隔。

区间及闭塞分区的界限，按下列规定划分：

① 站间区间。

a）在单线上，车站与车站间以进站信号机柱的中心线为车站与区间的分界线；

b）在双线或多线上，车站与车站间分别以各该线的进站信号机柱或站界标的中心线为车站与区间的分界线。

② 所间区间。

两线路所间或线路所与车站间，以该线上的通过信号机柱的中心线为所间区间的分界线。设有进站信号机的线路所，所间区间的分界方法与站间区间相同。

③ 闭塞分区。

自动闭塞区间同方向相邻的两架色灯信号机间，以该线上的通过信号机柱的中心线为闭塞分区的分界线。

（2）车站均须装设基本闭塞设备。行车基本闭塞法采用下列三种：

① 自动闭塞；

② 自动站间闭塞；

③ 半自动闭塞。

电话闭塞法是当基本闭塞法不能使用时所采用的代用闭塞法。

原则上不使用隔时续行办法，如必须使用时，由铁路局规定。

（3）当基本闭塞法不能使用时，应根据列车调度员的命令采用电话闭塞法行车。遇列车调度电话不通时，闭塞法的变更或恢复，应由该区间两端站的车站值班员确认区间空闲后，直接以电话记录办理。列车调度电话恢复正常时，两端站车站值班员应及时向列车调度员报告。

（4）遇下列情况，应停止使用基本闭塞法，改用电话闭塞法行车：

① 基本闭塞设备发生故障导致基本闭塞法不能使用、自动闭塞区间内两架及以上通过信号机故障或灯光熄灭时；

② 无双向闭塞设备的双线区间反方向发车或改按单线行车时；

③ 发出由区间返回的列车，或发出挂有由区间返回后部补机的列车时；

④ 自动站间闭塞、半自动闭塞区间，由未设出站信号机的线路上发车，或超长列车头部越过出站信号机并压上出站方面轨道电路发车时；

⑤ 在夜间或遇降雾、暴风雨雪，为消除线路故障或执行特殊任务，开行轻型车辆时。

自动站间闭塞设备故障，半自动闭塞设备良好时，可根据调度命令改按半自动闭塞法行车。

（5）设有双向闭塞设备的自动闭塞区间，遇轨道电路发生故障等情况，需使用总辅助按钮改变闭塞方向时，车站值班员必须确认区间空闲后，根据列车调度员命令，使用总辅助按钮改变闭塞方向，并在《行车设备检查登记簿》内登记。

在半自动闭塞区间，遇接车站轨道电路发生故障，闭塞设备停电后恢复供电，列车因故退回原发车站等情况时，车站值班员确认列车整列到达后，根据列车调度员命令，使用故障按钮，办理人工复原，并在《行车设备检查登记簿》内登记。

（6）线路所和区间内设有辅助所的行车闭塞办法，由铁路局规定。

**2. 自动闭塞**

（1）使用自动闭塞法行车时，列车进入闭塞分区的行车凭证为出站或通过信号机显示的允许运行的信号。

自动闭塞区段的车站，办理发车前应向接车站预告；单线自动闭塞区段的车站，还须得到列车调度员的同意（列车调度员已下达列车运行调整计划时除外）。已向接车站预告，但列车不能出发时，发车站须通知接车站取消预告。

（2）自动闭塞区段遇下列情况发车的行车凭证见表 A−2。

表 A−2  自动闭塞区段特殊情况行车凭证表

| 列车出发情况 | 行车凭证 | 发给行车凭证的依据 | 附带条件 |
|---|---|---|---|
| 1. 出站信号机故障时发出列车 | 绿色许可证（附件 2） | 1. 监督器表示第一个闭塞分区空闲，不表示时为接到前次列车到达邻站的通知或前次列车发出后不少于 10 min 的时间<br>2. 确认道岔位置正确及进路空闲<br>3. 单线须取得对方站确认区间内无迎面列车的电话记录号码 | 从监督器上不能确认第一个闭塞分区空闲时，车站应发给司机书面通知（附件 8），司机以在瞭望距离内能随时停车的速度，最高不超过 20 km/h，运行到第一架通过信号机，按其显示的要求执行 |
| 2. 由未设出站信号机的线路上发出列车 | | | |
| 3. 超长列车头部越过出站信号机发出列车 | | | |
| 4. 发车进路信号机发生故障时发出列车 | | 确认道岔位置正确及进路空闲 | 列车到达次一信号机按其显示的要求执行 |
| 5. 超长列车头部越过发车进路信号机发出列车 | | | |
| 6. 自动闭塞作用良好，监督器故障时发出列车 | 出站信号机显示的允许运行的信号 | | 与邻站车站值班员及本站信号员联系 |
| 7. 双线双向闭塞设备的车站，反方向发出列车 | | 1. 区间占用表示灯表示区间空闲<br>2. 双线反方向行车的调度命令 | 反方向发车进路表示器显示正确（进路表示器故障时通知司机） |

注：在四显示区段，因设备不同，执行上述条款困难的，可按铁路局规定办理。

（3）自动闭塞区间通过信号机显示停车信号（包括显示不明或灯光熄灭）时，列车必须在该信号机前停车，司机应使用列车无线调度通信设备通知车辆乘务员（随车机械师）。停车等候 2 min，该信号机仍未显示允许运行的信号时，即以遇到阻碍能随时停车的速度继续运行，最高不超过 20 km/h，运行到次一通过信号机（进站信号机），按其显示的要求运行。在停车等候同时，必须与车站值班员、列车调度员联系，如确认前方闭塞分区内有列车时，不得进入。

装有容许信号的通过信号机，显示停车信号时，准许铁路局规定停车后起动困难的货物列车，在该信号机前不停车，按上述速度通过。当容许信号灯光熄灭或容许信号和通过信号机灯光都熄灭时，司机在确认信号机装有容许信号时，仍按上述速度通过该信号机。

装有连续式机车信号的列车，遇通过信号机灯光熄灭，而机车信号显示允许运行的信号时，应按机车信号的显示运行。

司机发现通过信号机故障时，应将故障信号机的号码通知前方站（列车调度员）。车站值班员（列车调度员）发现或得到区间通过信号机故障的报告后，在故障修复前，对尚未进入区间的后续列车，改按站间组织行车。

### 3. 自动站间闭塞

（1）使用自动站间闭塞法行车时，列车凭出站信号机或线路所通过信号机显示的允许运行的信号进入区间。

自动站间闭塞须与集中联锁设备结合使用，自动检查区间空闲，发车站办理发车进路后即自动构成站间闭塞。列车到达接车站或返回发车站并出清区间后，自动解除闭塞。

发车站在办理发车进路前，须确认区间空闲、接车站未办理同一区间的发车进路，并向接车站预告。发车站已向接车站预告，但列车不能出发时，在取消发车进路后，须通知接车站。

（2）自动站间闭塞的行车办法，由铁路局规定。

### 4. 半自动闭塞

（1）使用半自动闭塞法行车时，列车凭出站信号机或线路所通过信号机显示的允许运行的信号进入区间。

开放出站信号机或通过信号机前，双线区段必须得到前次列车到达前方站的到达信号；单线区段必须得到接车站的同意闭塞信号。

发车站办理闭塞手续后，列车不能出发时，应将事由通知接车站，取消闭塞。

（2）半自动闭塞区段，遇超长列车头部越过出站信号机而未压上出站方面的轨道电路发车时，行车凭证为出站信号机显示的允许运行的信号，并发给司机调度命令；遇发车进路信号机故障或超长列车头部越过发车进路信号机发车时，列车越过发车进路信号机的行车凭证为半自动闭塞发车进路通知书。

### 5. 电话闭塞

（1）使用电话闭塞法行车时，列车占用区间的行车凭证为路票。当挂有由区间返回的后部补机时，另发给补机司机路票副页。

单线或双线反方向发车（正方向首列发车）时，根据《行车日志》查明区间已空闲，并取得接车站承认的电话记录号码，在发车进路准备妥当后，方可填发路票。双线正方向发车（首列除外）时，根据收到的前次发出的列车到达的电话记录号码，在发车进路准备妥当后，即可填发路票。

（2）办理电话闭塞时，下列各项应发出电话记录号码，并记入《行车日志》：

① 承认闭塞；

② 列车到达，补机返回；

③ 取消闭塞；

④ 单线或双线反方向越出站界调车。

电话记录号码自每日 0 时起至 24 时止，按日循环编号，编号办法由铁路局规定。

（3）路票应由车站值班员或指定的助理值班员填写。

对于填写的路票，车站值班员应根据《行车日志》的记录，进行认真核对，确认无误，并加盖站名印后，方可送交司机。

双线反方向行车使用路票时，应在路票上加盖"反方向行车"章；两线、多线区间使用路票时，应在路票上加盖"××线行车"章。

### 6. 电话中断时的行车

（1）车站行车室内一切电话中断，单线行车按书面联络法，双线行车按时间间隔法，列车进入区间的行车凭证均为红色许可证。

在双线自动闭塞区间，如闭塞设备作用良好时，列车运行仍按自动闭塞法行车，但车站与列车司机应以列车无线调度通信设备直接联系（说明车次及注意事项等）。如列车无线调度通信设备故障时，列车必须在车站停车联系。

（2）单线按书面联络法行车时，下列车站可以优先发车：

① 已办妥闭塞而尚未发车的车站。

② 未办妥闭塞时：

a）单线区间为发出下行列车的车站；

b）双线改为单线行车时，为该线原定发车方向的车站；

c）同一线路同一方向运行的列车，有上下行两种车次时，铁路局规定优先发车的车站。

第一个列车的发车权为优先发车的车站所有，如优先发车的车站没有待发列车时，应主动用附件 3 的通知书通知非优先发车的车站。非优先发车的车站，如有待发列车时，应在得到通知书以后方可发车。

第一个列车的发车站，在发车前应查明区间已空闲，并在《铁路技术管理规程（普速铁路部分）》附件 3 的通知书上记明下一个列车的发车权。如为本条第 1 项所规定的发车站发车时，持有行车凭证的列车，还应发给附件 3 的通知书；如无行车凭证，列车应持红色许可证开往邻站。以后开行的列车，均凭附件 3 的通知书上记明的发车权办理。

附件 3 的通知书，应采取最快的方法传送，优先方向车站如无开往区间的列车时，在确认区间空闲后，可使用重型轨道车或单机传送。

（3）双线按时间间隔法行车时，只准发出正方向的列车。非自动闭塞区间发出第一个列车时，在发车前应查明区间已空闲。

（4）一切电话中断后，连续发出同一方向的列车时，两列车的间隔时间，应按区间规定的运行时间另加 3 min，但不得少于 13 min。

（5）一切电话中断时，禁止发出下列列车：

① 在区间内停车工作的列车（救援列车除外）；

② 开往区间岔线的列车；

③ 须由区间内返回的列车；

④ 挂有须由区间内返回后部补机的列车；

⑤ 列车无线调度通信设备故障的列车。

（6）在一切电话中断时间内，如有封锁区间抢修施工或开通封锁区间时，由接到请求的车站值班员以书面通知封锁区间的相邻车站。

（7）单线区间的车站，经以闭塞电话、列车调度电话或其他电话呼唤 5 min 无人应答时，由列车调度员查明该站及其相邻区间确无列车（包括单机、大型养路机械及重型轨道车）后，可发布调度命令，封锁相邻区间，按封锁区间办法向不应答站发出列车。

该列车应在不应答站的进站信号机外停车，判明不应答原因及准备好进路后，再行进站。司机或车站值班员应将经过情况报告列车调度员。

# A.3 列车运行的其他规定

### 1. 接车与发车

（1）车站应不间断地接发列车，严格按列车运行图行车。接发列车时，车站值班员应亲自办理闭塞、布置进路（包括听取进路准备妥当的报告）、开闭信号、交接凭证、接送列车、发车。由于设备或业务量关系，除布置进路（包括听取进路准备妥当的报告）外，其他各项工作可指派助理值班员、信号员或扳道员办理。

车站值班员接到邻站列车预告后，按《站细》规定及时通知有关人员到岗接车，站内平过道应加强监护。

（2）车站值班员在办理闭塞时，应确认区间空闲。接车前，必须亲自或通过有关人员确认接车线路空闲、影响进路的调车作业已经停止后，方可准备进路、开放进站信号机，准备接车；发车前，必须亲自或通过有关人员确认影响进路的调车作业已经停止后，方可准备进路、开放出站信号机，交付行车凭证，在旅客上下、行包装卸和列检作业等完了后发车。

车站值班员下达准备接发车进路命令时，必须简明清楚，正确及时，讲清车次和占用线路（一端有两个及以上列车运行方向或双线反方向行车时，应讲清方向、线别），并要受令人复诵，核对无误。

接发列车时，按规定程序办理，并使用规定用语。

（3）扳道、信号人员在值班时应做到：

① 严格按照车站值班员的接发列车命令、调车作业计划，正确及时地准备进路。

② 在扳动道岔、操纵信号时，认真执行"一看、二扳（按）、三确认、四显示（呼唤）"制度；对进路上不该扳动的道岔，也应认真进行确认。

③ 接发列车进路准备完了后，及时报告车站值班员（能从设备上确认的除外）。

（4）下列情况，禁止办理相对方向同时接车和同方向同时发接列车：

① 进站信号机外制动距离内，进站方向为超过 6‰ 的下坡道，而接车线末端无隔开设备；

② 在接、发旅客列车的同时，接入列车运行监控装置或轨道车运行控制设备发生故障的列车、制动力部分切除的动车组列车而接车线末端无隔开设备。

相对方向不能同时接车时，应先接不适于在站外停车的列车、停车后起动困难的列车或后面有续行列车的列车。

遇两列车不能同时接发时，原则上应先接后发。

车站应将不能办理相对方向同时接车和同方向同时发接列车的情况纳入《站细》。

（5）车站值班员应严格按《站细》规定时机开闭信号机。如取消发车进路时，应先通知发车人员；如已开放信号或发车人员已通知司机发车，而列车尚未起动时，还应通知司机，收回行车凭证后，再取消发车进路。

（6）接发列车应在正线或到发线上办理，并应遵守下列原则：

① 旅客列车、挂有超限货物车辆的列车，应接入规定线路。

② 动车组列车在车站办理客运业务时，须固定股道、固定站台、固定停车位置。

③ 动车组列车、特快旅客列车通过时应在正线办理，其他通过列车原则上应在正线办理。

④ 原规定为通过的旅客列车由正线变更为到发线接车及动车组列车、特快旅客列车遇特殊情况必须变更基本进路时，须经列车调度员准许，并预告司机；如来不及预告时，应使列车在站外停车后，再开放信号机，接入站内。动车组列车遇特殊情况需变更办理客运业务的固定股道时，须经调度所值班主任（值班副主任）准许。

（7）车站值班员应保证有不间断接车的空闲线路。

正线上不应停留车辆（尽头式车站除外）。到发线上停留车辆时，须经车站值班员准许，在中间站并须取得列车调度员的准许方可占用，该线路的两端道岔应扳向不能进入的位置并加锁（装有轨道电路除外）。

（8）在站内无空闲线路的特殊情况下，只准许接入为排除故障、事故救援、疏解车辆等所需要的救援列车、不挂车的单机及重型轨道车。上述列车均应在进站信号机外停车，由接车人员向司机通知事由后，以调车手信号旗（灯）将列车领入站内。

（9）列车进站后，应停于接车线警冲标内方。在设有出站（进路）信号机的线路，列车头部不得越过出站（进路）信号机。

如列车尾部停在警冲标外方或压轨道绝缘时，车站接车人员应使用列车无线调度通信设备等通知司机或显示向前移动的手信号，使列车向前移动。

当超长列车尾部停在警冲标外方，接入相对方向的列车时，在进站信号机外制动距离内进站方向为超过 6‰ 的下坡道，而接车线末端无隔开设备，须使列车在站外停车后，再接入站内。如在邻线上未设调车信号机，又无隔开设备，相对方向需要进行调车作业时，必须派人以停车手信号对列车进行防护。

（10）进站、接车进路信号机不能使用时，应开放引导信号。引导信号不能开放或无进站信号机时，应派引导人员接车。

引导接车时，列车以不超过 20 km/h 速度进站，并做好随时停车的准备。由引导人员接车时，应在引导员接车地点标处（未设的，引导人员应在进站信号机、进路信号机或站界标外方），显示引导手信号接车。列车头部越过引导信号，即可关闭信号或收回引导手信号。

在无联锁的线路上接发列车时，车站值班员除严格按接发列车手续办理外，并应将进路上无联锁的有关对向道岔及邻线上防护道岔加锁。进路上无联锁的分动外锁闭道岔无论对向或顺向，均应对密贴尖轨、斥离尖轨和可动心轨加锁。具体加锁办法，由铁路局规定。

（11）接发列车时，接发车人员应携带列车无线调度通信设备、持手信号旗（灯），站在规定地点接送列车，注意列车运行和货物装载状态。发现旅客列车尾部标志灯光熄灭时，通知车辆乘务员进行处理。在自动闭塞区段，通知不到时，应使列车停车处理。发现货物装载状态有异状时，及时处理；发现货物列车列尾装置丢失时，应报告列车调度员，使列车在前方站停车处理。

列车接近车站、进站和出站时，接发车人员应及时向车站值班员报告列车进出站的情况（能从设备上确认的除外）。

列车到达、发出或通过后，车站值班员应立即向邻站及列车调度员报点，并记入《行车日志》（设有计算机报点系统的按有关规定办理）。遇有超长、超限列车、制动力部分切除的动车组列车、单机挂车和货物列车列尾装置灯光熄灭等情况，应通知接车站。

（12）货物列车在站停车时，司机必须使列车保持制动状态（铁路局指定的凉闸站除外）。发车前，司机施行缓解，确认发车条件具备后，方可起动列车。

（13）动车组列车由列车长确认旅客上下完毕后，通知司机关闭车门；列车进站停车时，司机按动车组停车位置标停车，确认列车停稳、对准停车位置后开启车门。按钮不在司机操作台上的，由列车长通知随车机械师关闭车门；列车到站停稳后，由随车机械师开启车门。如自动开关门装置故障或特殊情况需单独开关车门时，由司机通知列车工作人员手动开关车门。

动车组列车在车站出发，动车组列车司机在确认行车凭证和开车时间，车门关闭后，即可起动列车。

动车组以外的列车在车站发车前，有关人员应做到：

① 发车进路准备妥当，行车凭证已交付，出站（进路）信号机已开放，发车条件完备

后，车站值班员（助理值班员）方可显示发车信号。

② 司机必须确认行车凭证及发车信号显示正确后，方可起动列车。

③ 语音记录装置良好的车站，准许使用列车无线调度通信设备发车。

（14）列车在站内临时停车，待停车原因消除且继续运行时，应按下列规定办理：

① 司机主动停车时，自行起动列车；

② 其他列车乘务人员使用紧急制动阀（紧急制动装置）停车时，由车辆乘务员（随车机械师）通知司机开车；

③ 车站接发车人员使列车在站内临时停车时，由车站按规定发车（动车组列车由车站通知司机开车）；

④ 其他原因的临时停车，车站值班员应组织司机、车辆乘务员（随车机械师）等查明停车原因，在列车具备运行条件后，由车站按规定发车（动车组列车由车站通知司机开车）。

上述第①、②、④项列车停车后，司机应立即报告车站值班员，并说明停车原因。

（15）进站、出站、进路及线路所通过信号机发生故障时，应置于关闭状态，进站信号机及线路所通过信号机发生不能关闭的故障时，应将灯光熄灭或遮住。在将灯光熄灭或遮住以及信号机灭灯时，于夜间应在信号机柱距钢轨顶面不低于 2 m 处，加挂信号灯，向区间方面显示红色灯光。

（16）出站信号机发生故障时，除按规定交递行车凭证外，对通过列车应预告司机，并显示通过手信号。装有进路表示器或发车线路表示器的出站信号机，当该表示器不良时，由办理发车人员通知司机后，列车凭出站信号机的显示出发。

**2. 列车被迫停车后的处理**

（1）列车在区间被迫停车不能继续运行时，司机应立即使用列车无线调度通信设备通知两端站（列车调度员）及车辆乘务员（随车机械师），报告停车原因和停车位置，根据需要迅速请求救援。需要防护时，列车前方由司机负责，列车后方由车辆乘务员（随车机械师）负责，无车辆乘务员（随车机械师）为列车乘务员负责。配备列车防护报警装置的列车应首先使用列车防护报警装置进行防护。单班单司机值乘的列车防护作业办法由铁路局规定。

如遇自动制动机故障，动车组以外的旅客列车司机应通知车辆乘务员立即组织列车乘务人员拧紧全列人力制动机，以保证就地制动；其他列车司机应立即采取安全措施，并向车站值班员（列车调度员）报告，请求救援。

对已请求救援的列车，不得再行移动，并按规定对列车进行防护。

车站值班员（列车调度员）接到司机通知后，应将区间内列车运行情况通知司机，并立即使用列车无线调度通信设备转告区间内有关列车。在停车原因消除前不得再放行追踪、续行列车。

需组织旅客疏散时，车站值班员得到列车调度员准许后，扣停邻线列车并通知司机，司机通知有关作业人员办理。

（2）列车被迫停车可能妨碍邻线时，司机应立即用列车无线调度通信设备通知邻线上运行的列车和两端站（列车调度员），并与车辆乘务员（随车机械师）分别在列车的头部和尾部附近邻线上点燃火炬；在自动闭塞区间，还应对邻线来车方向短路轨道电路。配备列车防护报警装置的列车应首先使用列车防护报警装置进行防护。司机应亲自或指派人员沿邻线一侧对列车进行检查，发现妨碍邻线时，应立即派人按规定防护。如发现邻线有列车开来时，应鸣示紧急停车信号。

单班单司机值乘的列车防护作业办法由铁路局规定。

车站值班员（列车调度员）接到列车被迫停车可能妨碍邻线的通知后，应立即通知邻线有关列车停车，在原因消除前不得向邻线放行列车。

（3）列车在区间被迫停车后，根据下列规定放置响墩防护：

① 已请求救援时，从救援列车开来方面（不明时，从列车前后两方面），距离列车不小于 300 m 处防护；

② 一切电话中断后发出的列车（持有《铁路技术管理规程》附件 3 通知书 1 的列车除外），应于停车后，立即从列车后方按线路最大速度等级规定的列车紧急制动距离位置处防护；

③ 对于邻线上妨碍行车地点，应从两方面按线路最大速度等级规定的列车紧急制动距离位置处防护，如确知列车开来方向时，仅对来车方面防护；

④ 列车分部运行，机车进入区间挂取遗留车辆时，应从车列前方距离不小于 300 m 处防护。

防护人员设置的响墩待停车原因消除后可不撤除（运行动车组列车的区段除外）。

（4）在不得已情况下，列车必须分部运行时，司机应报告前方站（列车调度员），并做好遗留车辆的防溜和防护工作。司机在记明遗留车辆辆数和停留位置后，方可牵引前部车辆运行至前方站。在运行中仍按信号机的显示进行，但在半自动闭塞区间或按电话闭塞法行车时，该列车必须在进站信号机外停车（司机已报告前方站或列车调度员列车为分部运行时除外），将情况通知车站值班员后再进站。车站值班员应立即报告列车调度员封锁区间，待将遗留车辆拉回车站，确认区间空闲后，方可开通区间。

下列情况列车不准分部运行：

① 采取措施后可整列运行时；

② 对遗留车辆未采取防护、防溜措施时；

③ 遗留车辆无人看守时；

④ 司机与车站值班员及列车调度员均联系不上时；

⑤ 遗留车辆停留在超过 6‰ 坡度的线路上时。

（5）列车发生火灾、爆炸应急处理：

① 列车发生火灾、爆炸时，须立即停车（停车地点应尽量避开特大桥梁、长大隧道等，选择便于旅客疏散的地点），车站不再向区间放行列车，并通知邻线及后续相关列车停车。电气化区段，现场需停电时，应立即通知供电部门停电。

② 列车需要分隔甩车时，应根据风向及货物性质等情况而定。一般为先甩下列车后部

的未着火车辆，再甩下着火车辆，然后将机后未着火车辆拉至安全地段。

对甩下的车辆，在车站由车站人员负责采取防溜措施；在区间由司机、车辆乘务员负责采取防溜措施。

（6）列车（动车组列车除外）运行途中发生车辆故障应急处理：

① 发现客车车辆轮轴故障、车体下沉（倾斜）、车辆剧烈振动等危及行车安全的情况时，须立即采取停车措施。由车辆乘务员检查，对抱闸车辆应关闭截断塞门，排除工作风缸和副风缸中的余风，确认安全无误后，方可继续运行；如车轮踏面损坏超过限度或车辆故障不能继续运行时，应甩车处理。

② 列车调度员接到热轴报告后，应按热轴预报等级要求果断处理。必要时，立即安排停车检查（司机应采用常用制动，列车停车后由车辆乘务员负责检查，无车辆乘务员的由司机确认能否继续安全运行）或就近站甩车处理。

③ 遇客车安全监控系统报警或其他故障需要列车限速运行时，车辆乘务员应使用列车无线调度通信设备通知司机，司机根据要求限速运行并报告车站值班员（列车调度员）。

（7）在不得已情况下，列车必须退行时，车辆乘务员或随车机械师（无车辆乘务员或随车机械师时为指派的胜任人员）应站在列车尾部注视运行前方，发现危及行车或人身安全时，应立即使用紧急制动阀（紧急制动装置）或使用列车无线调度通信设备通知司机，使列车停车。

列车退行速度，不得超过 15 km/h。未得到后方站（线路所）车站值班员准许，不得退行到车站的最外方预告标或预告信号机（双线区间为邻线预告标或特设的预告标）的内方。

车站接到列车退行的报告后，除立即报告列车调度员外，根据线路占用情况，可开放进站信号机或按引导办法将列车接入站内。

下列情况列车不准退行：

① 按自动闭塞法运行时（列车调度员或后方站车站值班员确认该列车至后方站间无列车，并准许时除外）；

② 在降雾、暴风雨雪及其他不良条件下，难以辨认信号时；

③ 一切电话中断后发出的列车。

挂有后部补机的列车，除上述情况外，是否准许退行，由铁路局规定。

（8）动车组列车在区间被迫停车后须返回后方站时，车站值班员确认动车组列车至后方站间已空闲后，经列车调度员同意，通知司机返回。司机根据车站值班员的通知，在动车组列车运行方向（折返）前端操作，运行速度不得超过 40 km/h，按进站信号机显示进站。

### 3. 救援列车的开行

（1）车站值班员接到司机或工务、电务、供电等人员的救援请求后，应立即报告列车调度员。需封锁区间派出救援列车时，列车调度员应向有关车站发布命令封锁区间，并派出救援列车。

向封锁区间发出救援列车时，不办理行车闭塞手续，以列车调度员的命令，作为进入封锁区间的许可。

当列车调度电话不通时，应由接到救援请求的车站值班员根据救援请求办理，救援列车以车站值班员的命令，作为进入封锁区间的许可。

司机接到救援命令后，必须认真确认。命令不清、停车位置不明确时，不准动车。

救援列车进入封锁区间后，在接近被救援列车或车列 2 km 时，要严格控制速度，同时，使用列车无线调度通信设备与请求救援的机车司机进行联系，或以在瞭望距离内能够随时停车的速度运行，最高不得超过 20 km/h，在防护人员处或压上响墩后停车，联系确认，并按要求进行作业。

（2）救援列车的出发或返回，均应通知列车调度员及对方站。如事故现场设有临时线路所时，车站值班员应于发车前，商得线路所值班员的同意。

（3）采用机车救援动车组时，应进行制动试验。具备升弓取电条件时，允许动车组升弓取电。

（4）在事故调查组人员到达前，站长或胜任人员应随乘发往事故地点的第一列救援列车（分部运行时挂取遗留车辆的机车除外）到事故现场，负责指挥列车有关工作。

**4. 施工及路用列车的开行**

（1）凡影响行车的施工（特别规定的慢行施工除外）、维修作业，都必须纳入天窗，不得利用列车间隔进行。线路、桥隧、信号、通信、接触网及其他行车设备的施工、维修，力争开通后不降低行车速度。

（2）封锁施工时，施工负责人应确认已做好一切施工准备，按批准的施工计划（临时封锁区间抢修施工时除外），亲自或指派驻站联络员在车站《行车设备施工登记簿》内登记，按规定向车站或通过车站值班员向列车调度员申请施工。

封锁区间施工时，车站值班员根据封锁或开通命令，在信号控制台或规定位置上揭挂或摘下封锁区间表示牌。列车调度员应保证施工时间，并向施工区间的两端站、有关单位及施工负责人及时发出实际施工调度命令。施工负责人接到调度命令，确认施工起止时刻，设好停车防护后，方可开工，并保证在规定时间内完成。

施工单位及设备管理单位应严格掌握开通条件，经检查满足放行列车的条件，且设备达到规定的开通速度要求，办理开通登记后，通过车站值班员向列车调度员申请开通区间。如因特殊情况不能按时开通区间或不能按规定的开通速度运行时，应提前通知车站值班员，要求列车调度员延长时间或限速运行。

施工时，除本项施工外的车列或列车不得进入封锁区间。进入封锁区间的施工列车司机应熟悉线路和施工条件。

（3）施工封锁前，通过施工地点的最后一趟列车前进方向为不大于 6‰ 的上坡道时，列车调度员可根据施工负责人的请求，在调度命令中注明该次列车通过施工地点后即可开工（按自动闭塞法行车时可安排施工路用列车跟踪该次列车进入区间），列车到达前方站后，再封锁区间。上述命令应抄交司机，该列车不得后退。

（4）遇有施工又必须接发列车的特殊情况时，可按以下施工特定行车办法办理：

① 车站采用固定进路的办法接发列车。施工开始前，车站须将正线进路开通，并对进路上所有道岔按规定加锁（集中联锁良好的道岔可在控制台上进行单独锁闭）。有关道岔密贴的确认及具体的加锁办法，由铁路局规定。

② 引导接车并正线通过时，准许列车司机凭特定引导手信号的显示，以不超过 60 km/h 速度进站。

③ 准许车站不向司机递交书面行车凭证和调度命令。但车站仍按规定办理行车手续，并使用列车无线调度通信设备（其语音记录装置须作用良好）将行车凭证号码（路票为电话记录号码、绿色许可证为编号）和调度命令号码通知司机，得到司机复诵正确后，方可显示通过手信号。列车凭通过手信号通过车站。

其他具体安全行车办法，由铁路局规定。

（5）向施工封锁区间开行路用列车时，列车进入封锁区间的行车凭证为调度命令。该命令中应包括列车车次、停车地点、到达车站的时刻等有关事项，需限速运行时在命令中一并注明。

向施工封锁区间开行路用列车，原则上每端只准进入一列，如超过时，其安全措施及运行办法由铁路局规定。

（6）路用列车应由施工单位指派胜任人员携带列车无线调度通信设备值乘，并在区间协助司机作业。路用列车或施工机械进入施工地段时，应在施工防护人员显示的停车手信号前停车，根据施工负责人的要求，按调车办法，进入指定地点。

（7）列车在区间装卸车时，装卸车负责人应指挥列车停于指定地点。装卸车完毕后，其负责人应负责检查装卸货物的装载、堆码状态，确认限界，清好道沿，关好车门，通知司机开车。

（8）凡影响行车的施工及故障地点的线路，均应设置防护。

未设好防护，禁止开工。线路状态未恢复到准许放行列车的条件，禁止撤除防护、放行列车。施工防护的设置与撤除，由施工负责人决定。

多个单位在同一个区间施工时，原则上应分别按规定进行防护，由施工主体单位负责划分各单位范围及分界。

（9）施工、维修及各种上道检查巡视作业，应严格遵守作业人员和机具避车制度，采取措施保证邻线列车和施工作业人员安全。

（10）在区间或站内线路、道岔上封锁施工作业时，施工单位在车站行车室设驻站联络员，施工地点设现场防护人员。驻站联络员和现场防护人员应由指定的、经过考试合格的人员担任。施工负责人可指派驻站联络员负责在车站办理施工封锁及开通手续，向施工负责人传达调度命令，通报列车运行情况，并向车站值班员传达开通线路请求。驻站联络员和现场防护人员在执行防护任务时，应佩戴标志，携带通信设备；现场防护人员还应携带必备的防护用品，随时观察施工现场和列车运行情况。发现异常情况时及时通报车站值班员和施工负责人。

驻站联络员应与现场防护人员保持联系，如联系中断，现场防护人员应立即通知施工负责人停止作业，必要时将线路恢复到准许放行列车的条件。

（11）在区间线路、站内线路、站内道岔上维修时，现场防护人员应站在维修地点附近、且瞭望条件较好的地点进行防护，在天窗内作业时，显示停车手信号。

维修作业应在车站与作业地点分别设驻站联络员和现场防护人员，并保持联系。

（12）凡上道使用涉及行车安全的养路机械、机具及防护设备，须符合有关技术标准，满足运用安全的要求。养路机械、机具及防护设备应专管专用，加强日常检修和定期检查，经常保持良好状态。状态不良的，禁止上道使用。

（13）在线间距不足 6.5 m 地段施工维修而邻线行车时，邻线列车应限速 160 km/h 及以下，并按规定设置防护。施工单位在提报施工计划时，应提出邻线限速的条件。

邻线来车时，现场防护人员应及时通知作业人员，机具、物料或人员不得在两线间放置或停留，并应与列车保持安全距离，物料应堆码放置牢固。

（14）线路备用轨料应在车站范围内码放整齐，线路两侧散落的旧轨料、废土废渣应及时清理。因施工等原因线路两侧临时摆放的轨料，要码放整齐，并进行必要的加固。有栅栏的地段要置于两侧的封闭栅栏内；需临时拆除封闭栅栏时，应设置临时防护设施并派人昼夜看守。

（15）在区间线路上施工时，使用移动停车信号的防护办法如下：

① 单线区间线路施工时，如图 A–1 所示。

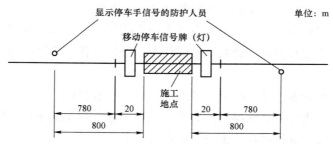

图 A–1　单线区间线路施工时，使用移动停车信号的防护办法

② 双线区间一条线路施工时，如图 A–2 所示。

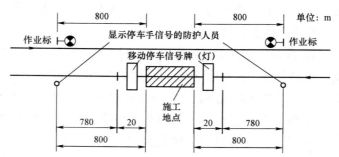

图 A–2　双线区间一条线路施工时，使用移动停车信号的防护办法

③ 双线区间两条线路同时施工时，如图 A–3 所示。

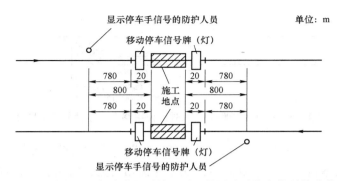

图 A-3 双线区间两条线路同时施工时，使用移动停车信号的防护办法

④ 作业地点在站外，距离进站信号机（反方向进站信号机）小于 820 m 时，如图 A-4 所示。

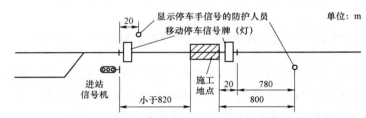

图 A-4 作业地点在站外，距离进站信号机（反方向进站信号机）小于 820 m 时，
使用移动停车信号的防护办法

现场防护人员应站在距施工地点 800 m 附近（见图 A-1～图 A-3），且瞭望条件较好的地点显示停车手信号；施工作业地点在站外，距离进站信号机（反方向进站信号机）小于 820 m 时，现场防护人员应站在距进站信号机（反方向进站信号机）20 m 附近（见图 A-4）；在尽头线上施工，施工负责人经与车站值班员联系确认尽头一端无列车、轨道车时，则尽头一端可不设防护。

（16）在站内线路上施工时，使用移动停车信号防护，防护办法如下：

① 将施工线路两端道岔扳向不能通往施工地点的位置，并加锁或紧固，可不设置移动停车信号牌（灯）。当施工线路两端道岔只能通往施工地点的位置时，在施工地点两端各 50 m 处线路上，设置移动停车信号牌（灯）防护，如图 A-5 所示；如施工地点距离道岔小于 50 m 时，在该端警冲标相对处线路上，设置移动停车信号牌（灯）防护，如图 A-6 所示。

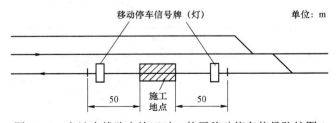

图 A-5 在站内线路上施工时，使用移动停车信号防护图 1

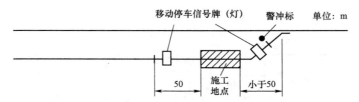

图 A-6　在站内线路上施工时，使用移动停车信号防护图 2

② 在进站道岔外方线路上施工，对区间方向，以关闭的进站信号机防护；对车站方向，在进站道岔外方基本轨接头处（顺向道岔在警冲标相对处）线路上，设置移动停车信号牌（灯）防护，如图 A-7 所示。

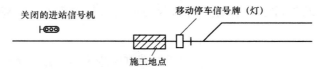

图 A-7　在站内线路上施工时，使用移动停车信号防护图 3

③ 双线区段，在反方向进站信号机至出站道岔的线路上施工，对区间方向，以关闭的反方向进站信号机防护。对车站方向，在出站道岔外方基本轨接头处（对向道岔在警冲标相对处）线路上，设置移动停车信号牌（灯）防护，如图 A-8 所示。

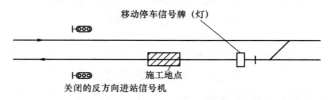

图 A-8　在站内线路上施工时，使用移动停车信号防护图 4

（17）在站内道岔上（含警冲标至道岔尾部线路、道岔间线路）施工时，使用移动停车信号防护，防护办法如下：

① 在站内道岔上施工，一端距离施工地点 50 m，另一端两条线路距离施工地点 50 m（距出站信号机不足 50 m 时，为出站信号机处），分别在线路上设置移动停车信号牌（灯）防护，如图 A-9 所示；如一端距离外方道岔小于 50 m 时，将有关道岔扳向不能通往施工地点的位置，并加锁或紧固。

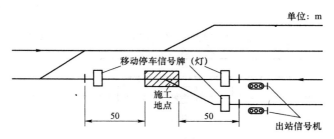

图 A-9　在站内道岔上施工时，使用移动停车信号防护图 1

② 在进站道岔上施工，对区间方向，以关闭的进站信号机防护；对车站方向，在距离施工地点 50 m 线路上，设置移动停车信号牌（灯）防护，如图 A−10 所示。距邻近道岔不足 50 m 时，在邻近道岔基本轨接头处设置移动停车信号牌（灯）防护，将有关道岔扳向不能通往施工地点的位置，并加锁或紧固。

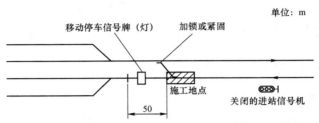

图 A−10　在站内道岔上施工时，使用移动停车信号防护图 2

③ 在出站道岔上施工，对区间方向，以关闭的反方向进站信号机防护；对车站方向，在距离施工地段不少于 50 m 线路上，设置移动停车信号牌（灯）防护，如图 A−11 所示。距邻近道岔不足 50 m 时，将有关道岔扳向不能通往施工地点的位置，并加锁或紧固。

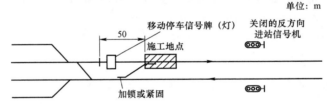

图 A−11　在站内道岔上施工时，使用移动停车信号防护图 3

④ 在交分道岔上施工，将有关道岔扳向不能通往施工地点的位置，并加锁或紧固，在距离施工地点两端 50 m 处线路上，设置移动停车信号牌（灯）防护，如图 A−12 所示。

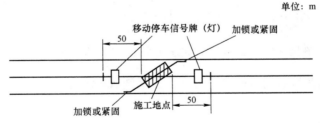

图 A−12　在站内道岔上施工时，使用移动停车信号防护图 4

⑤ 在交叉渡线的一组道岔上施工，一端在菱形中轴相对处线路上，另一端在距离施工地点 50 m 处线路上，分别设置移动停车信号牌（灯）防护，将有关道岔扳向不能通往施工地点的位置，并加锁或紧固，如图 A−13 所示。

⑥ 在道岔上进行大型养路机械施工时，如延长移动停车信号牌（灯）防护距离后占用其他道岔时，对相关道岔应一并防护。

（18）在区间线路上，根据线路速度等级，使用移动减速信号的防护办法如下：

单位：m

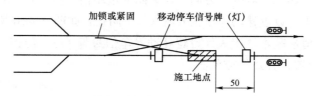

图 A-13　在站内道岔上施工时，使用移动停车信号防护图 5

① 单线区间施工，设立位置如图 A-14 所示。

单位：m

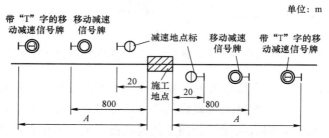

图 A-14　在区间线路上，根据线路速度等级，使用移动减速信号防护办法图 1

注：1. A 为不同线路允许速度的列车紧急制动距离（下同），详见本规程第 263 条第 27 表；

2. 允许速度 120 km/h＜v＜200 km/h 的线路，在移动减速信号牌（显示方式如图 A-15，下同）外方增设带"T"字的移动减速信号牌（显示方式如图 A-15，下同），以下同。

② 双线区间在一条线上施工，设立位置如图 A-15 所示。

单位：m

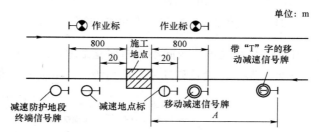

图 A-15　在区间线路上，根据线路速度等级，使用移动减速信号防护办法图 2

③ 双线区间两条线路同时施工，设立位置如图 A-16 所示。

单位：m

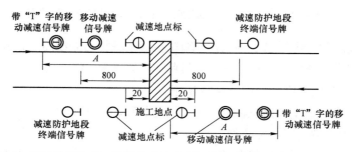

图 A-16　在区间线路上，根据线路速度等级，使用移动减速信号防护办法图 3

④ 施工地点距离进站信号机（或站界标）小于 800 m 时，设立位置如图 A–17 所示。

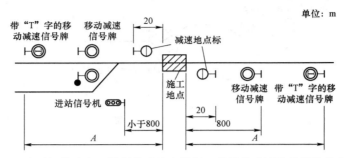

图 A–17　在区间线路上，根据线路速度等级，使用移动减速信号防护办法图 4

注：1. 当站内正线警冲标距离施工地点小于 800 m 时，按 800 m 设置移动减速信号牌；

　　2. 当站内正线警冲标距离施工地点大于或等于 A 时，不设置带"T"字的移动减速信号牌。

（19）在站内线路或道岔上，根据线路速度等级，使用移动减速信号的防护办法如下：

① 在站内正线线路上施工，当施工地点距进站信号机大于或等于 800 m 时，单线设立位置如图 A–18 所示，双线设立位置如图 A–19 所示。

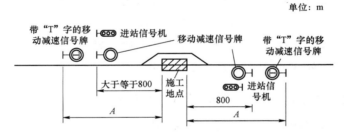

图 A–18　在站内线路或道岔上，根据线路速度等级，使用移动减速信号防护图 1

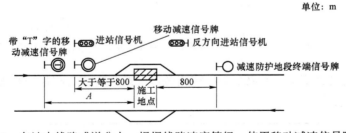

图 A–19　在站内线路或道岔上，根据线路速度等级，使用移动减速信号防护图 2

注：当施工地点距进站信号机不足 800 m 时，自施工地点起至 800 m 处区间线路列车运行方左侧，设移动减速信号牌防护；当施工地点距进站信号机大于或等于 A 时，不设置带"T"字的移动减速信号牌；当施工地点距反方向进站信号机不足 800 m 时，自施工地点起至 800 m 处区间线路列车运行方左侧，设减速防护地段终端信号牌；当施工地点距反方向进站信号机大于或等于 800 m 时，在反方向进站信号机处，设减速防护地段终端信号牌。

② 在站内正线道岔上施工，当施工地点距进站信号机大于或等于 800 m 时，单线设立位置如图 A–20 所示，双线设立位置如图 A–21 所示。

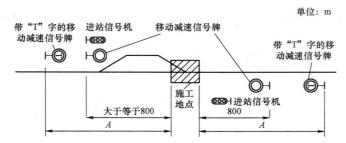

图 A-20　在站内线路或道岔上，根据线路速度等级，使用移动减速信号防护图 3

图 A-21　在站内线路或道岔上，根据线路速度等级，使用移动减速信号防护图 4

注：当施工地点距进站信号机不足 800 m 时，自施工地点起至 800 m 处区间线路列车运行方左侧，设移动减速信号牌防护；当施工地点距进站信号机大于或等于 A 时，不设置带 "T" 字的移动减速信号牌；当施工地点距反方向进站信号机不足 800 m 时，自施工地点起至 800 m 处区间线路列车运行方左侧，设减速防护地段终端信号牌；当施工地点距反方向进站信号机大于或等于 800 m 时，在反方向进站信号机处，设减速防护地段终端信号牌。

③ 在站线线路上施工，设立位置如图 A-22 所示。

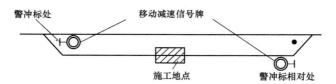

图 A-22　在站内线路或道岔上，根据线路速度等级，使用移动减速信号防护图 5

④ 在站线道岔上施工，该道岔中部线路旁，设置两面黄色的移动减速信号牌，设立位置如图 A-23 所示。

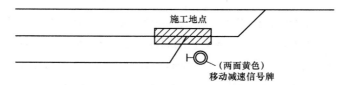

图 A-23　在站内线路或道岔上，根据线路速度等级，使用移动减速信号防护图 6

凡线间距离不足规定时，则应设置矮型（1 m 高）的移动减速信号牌。

在移动减速信号牌上，应注明规定的慢行速度。

（20）在区间线路上进行不影响行车的作业，不需要以停车信号或移动减速信号防护，应在作业地点两端 500～1 000 m 处列车运行方向左侧（双线在线路外侧）的路肩上设置作业标，设立位置如图 A-24 所示，显示方式如第 7-191 图所示。列车接近该作业标时，司机须长声鸣笛，注意瞭望。

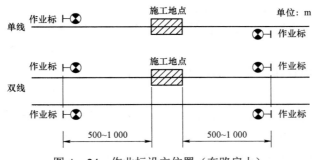

图 A-24　作业标设立位置（在路肩上）

### 5. 轻型车辆及小车的使用

（1）轻型车辆是指由随乘人员能随时撤出线路外的轻型轨道车及其他非机动轻型车辆。小车是指轨道检查仪、钢轨探伤仪、单轨小车、吊轨小车等。

轻型车辆仅限昼间封锁施工维修作业时使用，不按列车办理；在夜间或遇降雾、暴风雨雪时，仅限于消除线路故障或执行特殊任务时使用，但应按列车办理，此时轻型车辆必须有照明及停车信号装置。轻型轨道车过岔速度不得超过 15 km/h，区间运行最高速度不得超过 45 km/h，并不得与重型轨道车连挂运行。轻型轨道车连挂拖车时，不得推进运行。

小车不按列车办理。在昼间使用时，可跟随列车后面推行，但在任何情况下，都不得影响列车正常运行。夜间仅限于封锁施工维修时使用。160 km/h 以上的区段禁止利用列车间隔使用小车。

在双线地段，单轨小车应面对来车方向在外股钢轨上推行。

（2）使用轻型车辆时，须取得车站值班员对使用时间的承认，填发轻型车辆使用书（在区间用电话联系时，双方分别填写），并须保证在承认使用时间内将其撤出线路以外。

使用各种小车时，负责人应了解列车运行情况，按规定进行防护，并保证能在列车到达前撤出线路以外。在车站内使用装载较重的单轨小车时，须与车站值班员办理承认手续。

（3）使用轻型车辆及小车时，必须具备下列条件：

① 须有经使用单位指定的负责人和防护人员；

② 轻型车辆具有年检合格证；

③ 须有足够的人员，能随时将轻型车辆或小车撤出线路以外；

④ 须备有防护信号、列车运行时刻表、钟表及列车无线调度通信设备；

⑤ 轻型车辆应有制动装置（其他非机动轻型车辆根据需要安装）；牵引拖车时，连挂处应使用自锁插销，拖车必须有专人负责制动；

⑥ 在有轨道电路的线路或道岔上运行时，应设置绝缘车轴或绝缘垫。

（4）利用列车间隔在区间使用轻型车辆及小车时，应在车站登记，并设置驻站联络员，按下列规定防护：

① 轻型车辆运行中，须显示停车手信号，并注意瞭望。

② 在线路上人力推行小车时，应派防护人员在小车前后方向，按线路最大速度等级的列车紧急制动距离位置显示停车手信号，随车移动，如瞭望条件不良，应增设中间防护人员。

③ 在双线地段遇有邻线来车时，应暂时收回停车手信号，待列车过后再行显示。

④ 轻型车辆遇特殊情况不能在承认的时间内撤出线路，或小车不能立即撤出线路时，在轻型车辆或小车前后方向按线路最大速度等级规定的列车紧急制动距离位置以停车手信号防护，自动闭塞区段还应使用短路铜线短路轨道电路。在设置防护的同时，应立即使用列车无线调度通信设备报告车站值班员或通知列车司机紧急停车。

⑤ 小车跟随列车后面推行时，应与列车尾部保持大于 500 m 的距离。

**6. 固定行车设备检修及故障处理**

（1）影响设备使用的检修均纳入天窗进行。

在车站（包括线路所、辅助所）内及相邻区间、列车调度台检修行车设备，影响其使用时，事先须在《行车设备施工登记簿》内登记，并经车站值班员（列车调度员）签认或由扳道员、信号员取得车站值班员同意后签认（检修驼峰、调车场、货场等处不影响接发列车的行车设备时，签认人员在《站细》内规定），方可开始。

正在检修中的设备需要使用时，须经检修人员同意。检修完毕，检修人员应将其结果记入《行车设备施工登记簿》。

对处于闭塞状态的闭塞设备和办理进路后处于锁闭状态的信号、联锁设备，严禁进行检修作业。

（2）车站值班员发现或接到行车设备故障的报告后，应立即通知设备管理单位相关人员，并在《行车设备检查登记簿》内登记。

列车调度员发现或接到调度台行车设备故障的报告后，应立即通知设备管理单位相关人员，并在《行车设备检查登记簿》内登记。

设备管理单位应在《行车设备检查登记簿》内签认，尽快组织修复。对暂时不能修复的，应登记停用内容和影响范围，并注明行车限制条件。

（3）沿线工务人员发现线路设备故障危及行车安全时，应立即连续发出停车信号和以停车手信号防护，还应迅速通知就近车站和工长或车间主任，并采取紧急措施修复故障设备；如不能立即修复时，应封锁区间或限速运行。

车站值班员接到区间发生故障的报告后，应立即通知有关列车停车，并报告列车调度员。

必要时进入该区间的第一趟列车由工务部门的工长或车间主任随乘。列车在故障地点停车后继续运行时，应根据随乘人员的指挥办理。

（4）线路发生故障时的防护办法如下：

① 应立即使用列车无线调度通信设备通知车站值班员或列车司机紧急停车，同时在故障地点设置停车信号。

② 当确知一端先来车时，应急速奔向列车，用手信号旗（灯）或徒手显示停车信号。

③ 如不知来车方向，应在故障地点注意倾听和瞭望，发现来车，应急速奔向列车，用手信号旗（灯）或徒手显示停车信号。

设有固定信号机时，应先使其显示停车信号。

站内线路、道岔发生故障时，应按规定设置停车信号防护。

（5）设备维修人员发现信号、通信设备故障危及行车安全时，应立即通知车站，并积极设法修复；如不能立即修复时，应停止使用，同时报告工长、车间主任或电务段、通信段调度，并在《行车设备检查登记簿》内登记。

（6）铁路职工或其他人员发现设备故障危及行车和人身安全时，应立即向开来列车发出停车信号，并迅速通知就近车站、工务、电务或供电人员。

# 参 考 文 献

［1］兰云飞，仝泽柳，石瑛. 高速铁路概论. 北京：北京交通大学出版社，2016.

［2］兰云飞，何萍. 高速铁路客运组织. 北京：北京交通大学出版社，2017.

［3］王慧. 铁路普通条件货运组织. 北京：北京交通大学出版社，2019.